高职高专大数据技术与应用专业系列教材

R 语言数据分析与挖掘

R Data Analysis and Mining

主　编　陈　维

副主编　潘德林　周家宜　尚玉廷

西安电子科技大学出版社

内 容 简 介

现在，越来越多的人考虑引入大数据技术来促进公司产品的销售以获得更多的利润。而学习算法能让商务活动及其发展过程的预测摆脱人脑计算能力的局限，并且能提高数据模型的预测精确度，使得大数据的分析处理在依托计算机的大规模计算能力下得以完成。

当前数据分析最常用的工具就是 R 语言，本书深入浅出地介绍了利用 R 语言进行数据分析及构建预测模型的多种实用方法，包括回归、聚类、关联和分类分析等常用学习算法的实现，每一种算法都通过具体案例详细说明构建模型、实现模型以及评价模型的过程。本书还系统讲解了相关的 R 语言的基础知识，包括环境准备以及数据转换、分析和结果可视化的方法等。

本书融合了作者十几年来利用数据分析算法来实现数据挖掘与分析的诸多心得，书中所有的源代码和实验数据以及习题和答案在出版社网站上都可以免费下载。阅读完本书并亲自动手完成书中所有算法案例后，读者对数据分析将会有更深入的了解。

本书既可以作为相关专业数据分析类课程的教材，也可以作为大数据网络培训或技术人员自学的参考资料。

图书在版编目(CIP)数据

R 语言数据分析与挖掘/陈维主编. —西安：西安电子科技大学出版社，2020.8(2024.8 重印)
ISBN 978-7-5606-5790-5

Ⅰ. ①R… Ⅱ. ①陈… Ⅲ. ①程序语言—程序设计—高等学校—教材 ②数据处理—高等学校—教材 ③数据采集—高等学校—教材 Ⅳ. ①TP312 ②TP274

中国版本图书馆 CIP 数据核字(2020)第 132118 号

策　　划　高 樱
责任编辑　孟秋黎
出版发行　西安电子科技大学出版社(西安市太白南路 2 号)
电　　话　(029)88202421　88201467　　　邮　编　710071
网　　址　www.xduph.com　　　　　电子邮箱　xdupfxb001@163.com
经　　销　新华书店
印刷单位　陕西天意印务有限责任公司
版　　次　2020 年 8 月第 1 版　2024 年 8 月第 3 次印刷
开　　本　787 毫米×960 毫米　1/16　印 张 11
字　　数　203 千字
定　　价　29.00 元

ISBN 978-7-5606-5790-5

XDUP 6092001-3

***** 如有印装问题可调换 *****

序

在举世瞩目的十九大报告中，习近平总书记提出："加快建设制造强国，加快发展先进制造业，推动互联网、大数据、人工智能和实体经济深度融合……"自从 2014 年大数据首次写入政府工作报告，大数据逐渐成为各级政府关注的热点。2015 年 9 月，国务院印发《促进大数据发展行动纲要》，系统部署了我国大数据发展工作，至此，大数据成为国家级的发展战略。2017 年 1 月，工信部编制印发《大数据产业发展规划（2016—2020 年）》。2019 年 12 月 8 日下午在中共中央政治局就实施国家大数据战略进行第二次集体学习会议中，中共中央总书记习近平在主持学习时强调，大数据发展日新月异，我们应该加快完善数字基础设施，推进数据资源整合和开放共享，保障数据安全，加快建设数字中国，更好地服务于我国经济社会发展和人民生活改善。

为对接大数据国家发展战略，教育部批准于 2017 年开办高职大数据技术与应用专业，2017 年全国共有 64 所职业院校获批开办该专业，2020 年全国 619 所高职院校成功申报大数据技术与应用专业，该专业已经成为高职院校最火爆的新增专业。

为培养满足经济社会发展需要的大数据人才，加强粤港澳大湾区区域内高职院校的协同育人和资源共享，2018 年 6 月，在广东省人才研究会的支持下，由广州番禺职业技术学院牵头，联合深圳职业技术学院、广东轻工职业技术学院、广东科学技术职业学院、广州市大数据行业协会、佛山市大数据行业协会、香港大数据行业协会、广东职教桥数据科技有限公司、广东泰迪智能科技股份有限公司等 200 余家高职院校、协会和企业，成立了广东省人才研究会大数据产教联盟，联盟先后开展了大数据产业发展、人才培养模式、课程体系构建、深化产教融合等主题研讨活动。

课程体系是专业建设的顶层设计，教材开发是专业建设和三教改革的核心内容。为了贯彻党的十九大精神，普及和推广大数据技术，为高职院校人才培养做好服务，西安电子科技大学出版社在广泛调研的基础上，结合自身的出版优势，联合广东省人才研究会大数据产教联盟策划了"高职高专大数据技术与应用专业系列教材"。

为此，广东省人才研究会大数据产教联盟和西安电子科技大学出版社于 2019 年 7 月在广东职教桥数据科技有限公司召开了"广东高职大数据技术与应用专业课程体系构建与教材编写研讨会"。来自广州番禺职业技术学院、深圳职业技术学院、深圳信息职业技术学院、广东科学技术职业学院、广东轻工职业技术学院、中山职业技术学院、广东水利电力职业技术学院、佛山职业技术学院、广东职教桥数据科技有限公司、广东泰迪智能科技股份有限公司和西安电子科技大学出版社等单位的 30 余位校企专家参与研讨。大家围绕大数据技术与应用专业人才培养定位、培养目标、专业基础（平台）课程、专业能力课程、专业拓展（选修）课程及教材编写方案进行深入研讨。最后形成了如表 1 所示的高职高专大数据技术与应用专业课程体系。在课程体系中，为加强动手能力培养，从第三学期到第五学期，开设了 3 个共 8 周的项目实践项目；为形成专业特色，第五学期的课程，除 4 周的大数据项目开发实践外，其他都是专业拓展课程，各学校根据区域大数据产业发展需求、学生职业发展需要和学校办学条件，开设纵向延伸、横向拓宽及 X 证书的专业拓展选修课程。

表 1 高职大数据技术与应用专业课程体系

序号	课程名称	课程类型	建议课时
第 一 学 期			
1	大数据技术导论	专业基础	54
2	Python 编程技术	专业基础	72
3	Excel 数据分析应用	专业基础	54
4	Web 前端开发技术	专业基础	90
第 二 学 期			
5	计算机网络基础	专业基础	54
6	Linux 基础	专业基础	72
7	数据库技术与应用(MySQL 版或 NoSQL 版)	专业基础	72
8	大数据数学基础——基于 Python	专业基础	90
9	Java 编程技术	专业基础	90
第 三 学 期			
10	Hadoop 技术与应用	专业能力	72
11	数据采集与处理技术	专业能力	90
12	数据分析与应用——基于 Python	专业能力	72
13	数据可视化技术(ECharts 版或 D3 版)	专业能力	72
14	网络爬虫项目实践(2 周)	项目实训	56

	第 四 学 期		
15	Spark 技术与应用	专业能力	72
16	大数据存储技术——基于 HBase/Hive	专业能力	72
17	大数据平台架构(Ambari,Cloudera)	专业能力	72
18	机器学习技术	专业能力	72
19	数据分析项目实践(2 周)	专业能力	56
	第 五 学 期		
20	大数据项目开发实践(4 周)	专业能力	112
21	大数据平台运维(含大数据安全)	专业拓展（选修）	54
22	大数据行业应用案例分析	专业拓展（选修）	54
23	Power BI 数据分析	专业拓展（选修）	54
24	R 语言数据分析与挖掘	专业拓展（选修）	54
25	文本挖掘与语音识别技术——基于 Python	专业拓展（选修）	54
26	人脸与行为识别技术——基于 Python	专业拓展（选修）	54
27	无人系统技术(无人驾驶、无人机)	专业拓展（选修）	54
28	其他专业拓展课程	专业拓展（选修）	
29	X 证书课程	专业拓展（选修）	
	第 六 学 期		
29	毕业设计		
30	顶岗实习		

基于此课程体系，与会专家和老师研讨了"大数据技术与应用"专业相关课程的编写大纲，各主编教师就相关选题进行了写作思路汇报，大家相互讨论，梳理和确定了每一门教材的编写内容与计划，最终形成了该系列教材。

本系列教材由广东省部分高职院校联合大数据与人工智能企业共同策划出版，汇聚了校企多方资源及各位主编和专家的集体智慧。在本系列教材出版之际，特别感谢深圳职业技术学院数字创意与动画学院院长聂哲教授、深圳信息职业技术学院软件学院院长蔡铁教授、广东科学技术职业学院计算机工程技术学院(人工智能学院)院长曾文权教授、广东轻工职业技术学院信息技术学院院长秦文胜教授、中山职业技术学院信息工程学院院长史志强教授、顺德职业技术学院智能制造学院院长杨小东教授、佛山职业技术学院电子信息学院院长唐建生教授、广东水利电力职业技术学院计算机系主任敖新宇教授，他们对本系列教材的出版给予了了大力支持，安排学校的大数据专业带头人和骨干教师积极参与教材的开发工作；特别感谢广东省人才研究会大数据产教联盟秘书长，广东职教桥数据科技有限公司董事长陈劲先生提供交流平台和多方支持；特别感谢广东泰迪智能科技股份有限公司董事长张良均先生为本系列教材提供技术支持和企业应用案例；特别感谢西安电子科技大学出版社副总编辑毛红兵女士为本系列教材提供出版支持。也要感谢广州番禺职业技术学院信息工程学院胡耀民博士、詹增荣博士、陈惠红老师、赖志飞博士等的积极参与。感谢所有为本系列教材出版付出辛勤劳动的各位院校的老师、企业界的专家和出版社的编辑们！

由于大数据技术发展迅速，教材中可能还存在不足之处，敬请专家和读者批评指正，以便改正完善。

广州番禺职业技术学院

余明辉

2020 年 4 月

高职高专大数据技术与应用专业系列教材编委会

前　言

如今，大数据在诸多领域已经成为一个热门词汇，越来越多的人开始接触并考虑引入这一技术以促进公司产品的销售获得更多利润。然而，数据的采集、聚集以及可视化仅仅是数据分析整体工程的一部分，要从数据中抽取出有价值的信息才是一项有挑战性的新工作。

大多数研究人员习惯从历史样本数据进行统计分析，这种处理方法的弊端在于从统计分析中能够获得的信息十分有限。事实上，我们经常要解决从目标数据中发现被隐藏的模式以及探索未知关系的问题。而我们可以使用算法，结合输入的样本数据，就能够得到更加精确的预测结果，从而获取有用的信息。通过机器学习，商业操作及其发展趋势的分析不再局限于人脑层面的思考，机器层面的分析使企业能够在大数据中发现其潜在价值。

R 语言是目前数据分析领域最常用的工具，开源和免费的优势使得它成为最受欢迎的主流语言。R 语言提供了丰富的学习包和可视化函数，用户不需要掌握任何分析过程背后数学模型的细节，只需简单通过 R 语言在数据集执行机器学习算法，就可快捷完成数据分析任务。

本书采取务实的方法介绍了如何使用 R 语言来实现数据分析。全书共 7 章，每章包含若干小节。本书的参考学时为 48～64 学时，建议采用理论实践一体化教学模式，各章的参考学时如下：

章	课程内容	学　时
第 1 章	初识数据分析与 R 语言	6～8
第 2 章	回归分析	6～8
第 3 章	关联分析	6～8
第 4 章	聚类分析	6～8
第 5 章	决策树	8～10
第 6 章	神经网络与支持向量机	10～14
第 7 章	模型评估	4～6
	课程考评	2
课时总计		48～64

为了方便教学，本书配有电子课件、源代码、习题答案等相关资源，需要的老师可以发 E-mail(474005517@qq.com)索取或者通过出版社相关网站下载。如有问题，可发 E-mail 联系作者或出版社。

本书由广东科学技术职业学院陈维任主编，潘德林、周家宜、尚玉廷任副主编，崔晓坤、郑旋玲、翟小可参与编写，所有的代码由陈维整理。尽管我们在编写过程中非常认真和努力，但书中难免有不尽如人意之处，敬请读者不吝指正，我们将不胜感激。

编　者
2020 年 4 月

目　录

第 1 章　初识数据分析与 R 语言

什么是数据分析？数据分析就是将大量且杂乱无章的数据进行整理、归纳和提炼，从中寻找出数据的内在规律，从而获得需要的信息的过程。数据分析的主要目的是发现隐藏在数据中的模式、未知关联以及有价值的信息。除此之外，数据分析技术也应用于预测分析。有了数据分析，对商业活动的分析和处理就不再局限于人工处理了，而是借助机器的分析发现海量商业数据中隐藏的价值。

数据分析和人类思维模式有相同之处，传统数据分析无法应对由于数据积累更新而对分析模型带来的影响，数据分析与挖掘就可以不断从被处理和分析的数据中获得信息，也就是说，算法处理的数据越多，其建模能力就越强。

什么是 R 语言？R 语言是一种功能强大的统计语言，被广泛应用于数据的处理和分析。它提供了很多有关数据分析的学习包和数据可视化函数，使得用户能够简单快速地完成数据分析。此外，R 还是一个免费的开源工具。

R 很大程度降低了数据分析的复杂度，我们只需要了解一个算法是否可以解决问题，然后利用已经写好的包和简单的几行命令，就能针对数据构建相应的预测模型。例如，我们利用朴素贝叶斯模型来进行广告垃圾邮件的筛选，也可以基于 k 均值算法来对顾客类别进行划分，还可以借助线性回归模型来预测未来的房价和通过隐马尔可夫模型来预测未来股票市场等。

本章从整体上对数据分析和 R 语言进行一个概要介绍。首先介绍如何搭建 R 和集成开发环境 RStudio。配置环境后，接下来介绍安装和导入 R 的算法包。最后将探讨数据的读写、数据操作、基本统计方法以及数据的可视化。

1.1　软件下载与安装

1.1.1　下载和安装

要使用 R 语言，首先需要在机器上安装它，下面详细介绍下载和安装 R 的过程。对于 R 语言的初学者，可以在其官方网站找到详细的介绍，包括 R 语言的发展历史和它的功能。

在官网找到 R 的下载链接，然后执行以下操作，在 Windows 或 Mac 环境下完成 R 的下载及安装工作。

(1) 访问 R CRAN 网站，单击"download R"链接(见图 1-1)。

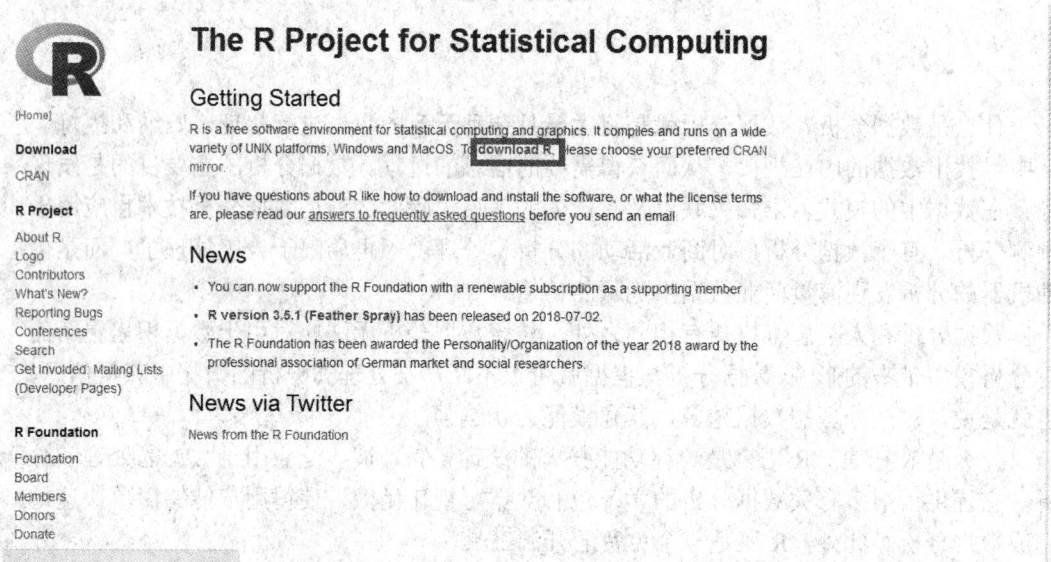

The R Project for Statistical Computing

[Home]

Download

CRAN

R Project

About R
Logo
Contributors
What's New?
Reporting Bugs
Conferences
Search
Get involded Mailing Lists
(Developer Pages)

R Foundation

Foundation
Board
Members
Donors
Donate

Getting Started

R is a free software environment for statistical computing and graphics. It compiles and runs on a wide variety of UNIX platforms, Windows and MacOS. To download R, please choose your preferred CRAN mirror.

If you have questions about R like how to download and install the software, or what the license terms are, please read our answers to frequently asked questions before you send an email.

News

- You can now support the R Foundation with a renewable subscription as a supporting member
- **R version 3.5.1 (Feather Spray)** has been released on 2018-07-02.
- The R Foundation has been awarded the Personality/Organization of the year 2018 award by the professional association of German market and social researchers.

News via Twitter

News from the R Foundation

图 1-1　R CRAN 网站

(2) 选择离自己最近的镜像网站(见图 1-2)。

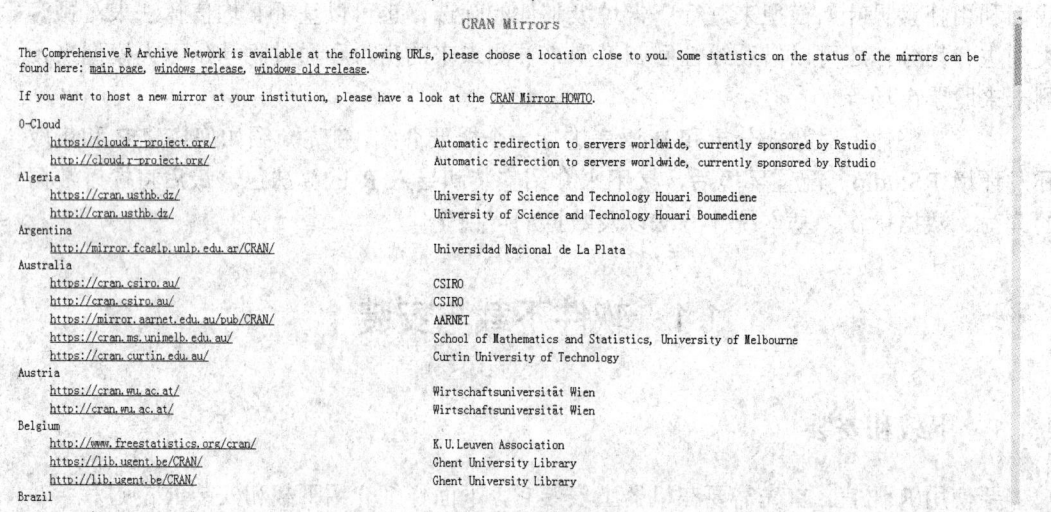

CRAN Mirrors

The Comprehensive R Archive Network is available at the following URLs, please choose a location close to you. Some statistics on the status of the mirrors can be found here: main page, windows release, windows old release.

If you want to host a new mirror at your institution, please have a look at the CRAN Mirror HOWTO.

0-Cloud
    https://cloud.r-project.org/　　　　　　　Automatic redirection to servers worldwide, currently sponsored by Rstudio
    http://cloud.r-project.org/　　　　　　　Automatic redirection to servers worldwide, currently sponsored by Rstudio
Algeria
    https://cran.usthb.dz/　　　　　　　University of Science and Technology Houari Boumediene
    http://cran.usthb.dz/　　　　　　　University of Science and Technology Houari Boumediene
Argentina
    http://mirror.fcaglp.unlp.edu.ar/CRAN/　　　Universidad Nacional de La Plata
Australia
    https://cran.csiro.au/　　　　　　　CSIRO
    http://cran.csiro.au/　　　　　　　CSIRO
    https://mirror.aarnet.edu.au/pub/CRAN/　　　AARNET
    https://cran.ms.unimelb.edu.au/　　　School of Mathematics and Statistics, University of Melbourne
    https://cran.curtin.edu.au/　　　　Curtin University of Technology
Austria
    https://cran.wu.ac.at/　　　　　　　Wirtschaftsuniversität Wien
    http://cran.wu.ac.at/　　　　　　　Wirtschaftsuniversität Wien
Belgium
    http://www.freestatistics.org/cran/　　　K.U.Leuven Association
    https://lib.ugent.be/CRAN/　　　　Ghent University Library
    http://lib.ugent.be/CRAN/　　　　Ghent University Library
Brazil

图 1-2　镜像网站

(3) 根据本机操作系统选择合适的版本进行下载(见图 1-3)。

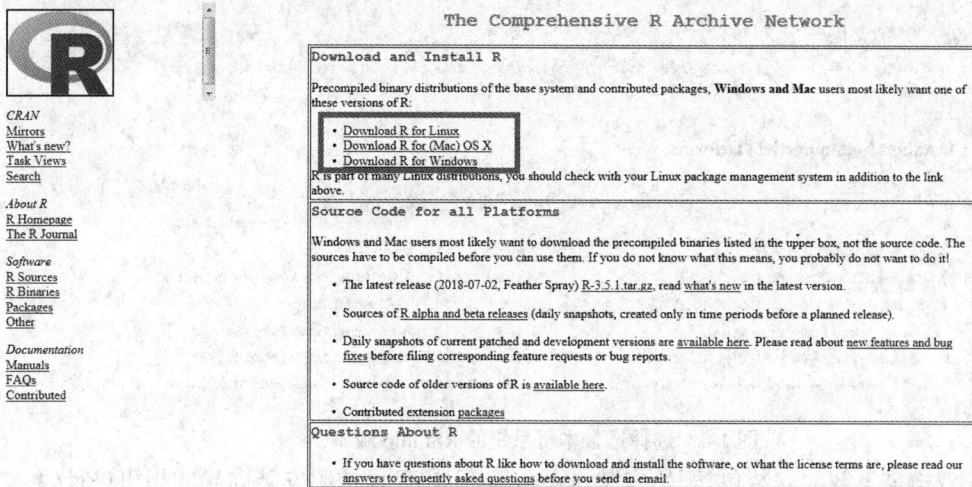

图 1-3　选择合适的版本

CRAN 为 Linux、Mac OS 以及 Windows 都提供了预编译二进制文件，对于 Mac 和 Windows 用户，安装过程非常简单，一般只需要按照向导指引即可完成。而对于 Linux 用户，可以使用包管理器提供的平台或者以源码方式安装和部署 R。

1.1.2　下载和安装 RStudio

虽然我们可以在 R 控制台和 R 命令行中编写 R 脚本，但若有 RStudio 集成开发环境的辅助可以让开发变得更加容易。RStudio 为程序开发提供了非常丰富的工具，内置的如文本高亮、自动代码补全及自动缩进等功能，提高了开发的效率。为了使 R 编程具备更好的可管理性，RStudio 将主界面分为四个窗口，分别为交互式 R 控制台、选项卡式源码编辑器、当前工作对象与历史信息面板以及集成了文件浏览器/绘图窗口/包安装窗口/R 帮助窗口的选项卡式面板。另外，RStudio 是开源的，可以在 Windows 或 Mac 环境下和 Linux 等多平台上使用。本节将介绍下载和安装 RStudio 的过程。

RStudio 在安装前要求先安装好 R，因为当加载 RStudio 时，必须要定位到一个 R 版本，因此需完成前述的相关操作，在安装 RStudio 之前先安装好 R。

执行以下操作，下载和安装 Windows 以及 Mac OS 版本的 RStudio。

(1) 访问 RStudio 官网。

(2) 如果是安装桌面版本，则选择适合本机系统的 RStudio 版本(见图 1-4)，下载相关的安装包。

RStudio Desktop 1.1.456 — Release Notes

RStudio requires R 3.0.1+. If you don't already have R, download it here.

Linux users may need to import RStudio's public code-signing key prior to installation, depending on the operating system's security policy.

Installers for Supported Platforms

Installers	Size	Date	MD5
RStudio 1.1.456 - Windows Vista/7/8/10	85.8 MB	2018-07-19	24ca3fe0dad8187aabd4bfbb9dc2b5ad
RStudio 1.1.456 - Mac OS X 10.6+ (64-bit)	74.5 MB	2018-07-19	4fc4f4f70845b142bf96dc1a5b1dc556
RStudio 1.1.456 - Ubuntu 12.04-15.10/Debian 8 (32-bit)	89.3 MB	2018-07-19	3493f9d5839e3a3d697f40b7bb1ce961
RStudio 1.1.456 - Ubuntu 12.04-15.10/Debian 8 (64-bit)	97.4 MB	2018-07-19	863ae806120358fa0146e4d14cd75be4
RStudio 1.1.456 - Ubuntu 16.04+/Debian 9+ (64-bit)	64.9 MB	2018-07-19	d96e63548c2add890bac633bdb883f32
RStudio 1.1.456 - Fedora 19+/RedHat 7+/openSUSE 13.1+ (32-bit)	88.1 MB	2018-07-19	1df56c7cd80e2634f8a9fdd11ca1fb2d
RStudio 1.1.456 - Fedora 19+/RedHat 7+/openSUSE 13.1+ (64-bit)	90.6 MB	2018-07-19	5e77094a88fdbdddddb0d35708752462

图 1-4　选择适合本机系统的 RStudio 版本

(3) 双击需下载的安装包,开始安装。Windows 用户可以按照安装向导的指引进行(见图 1-5)。

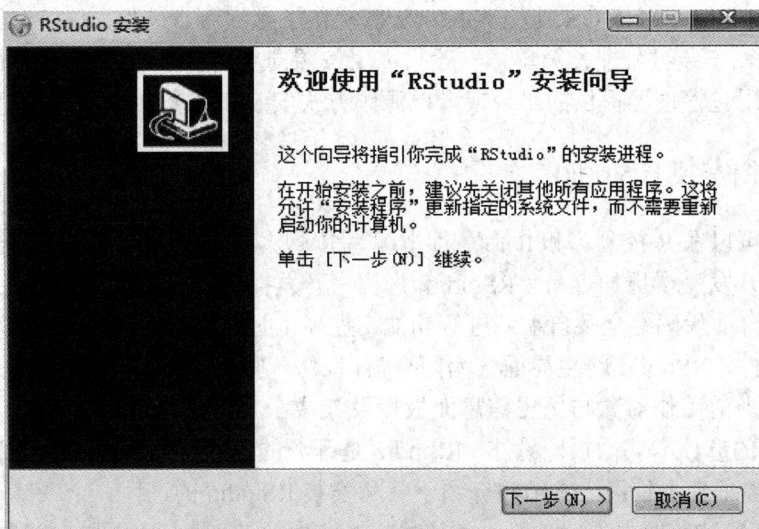

图 1-5　安装向导

(4) 如果是 Mac 用户，只需将 RStudio 图标拖到 Application 文件夹即可。

RStudio 可以通过桌面或 Web 浏览器两种方式运行。桌面 RStudio 在 Windows 以及 Mac OS 和 Linux 等平台上均可使用，操作方式类似。Windows 和 Mac OS 用户下载了 RStudio 编辑好的安装包后，直接按照向导的指引就可以完成安装；Linux 用户可以选择使用相应的包管理系统来安装。

1.2　包的安装和加载

当安装好 R 后，就可以从资源库下载、安装和更新 R 的包了。由于 R 可以让用户创建自己的包，用户可以通过 R 的官方或者非官方的资源库来管理创建的包。其中，CRAN 是 R 官方提供的资源库。通过 CRAN 提供的包，用户可以将 R 的应用拓展到机器学习、统计等相关领域。CRAN 拥有全球范围的 FTP 及 Web 服务器网络，提供统一的、最新的 R 代码及文档资源，我们可以选择最近的 CRAN 镜像网站下载包。

执行以下操作完成安装和加载 R 的包。

(1) 导入已经安装好的包清单：
```
> library()
```

(2) 设置默认 CRAN 镜像网站：
```
> chooseCRANmirror()
```
R 将返回可以用的 CRAN 镜像网站地址列表，用户可以输入需要的镜像 ID，或者输入 0 退出。

(3) 从 CRAN 安装 e1071 包：
```
> install.packages("e1071")
```

(4) 从 CRAN 更新 e1071 包：
```
> update.packages("e1071")
```

(5) 导入包：
```
> library(e1071)
```

(6) 如果希望了解包的文档信息，可以调用 help 函数：
```
> help(package='e1071')
```

(7) 如果要了解包中函数的详细信息，也可以调用 help 函数：
```
> help(svm,e1071)
```

(8) 使用快捷键"？"打开函数的帮助文档：
```
> ?e1071：svm
```

(9) 如果函数没有提供相应的文档信息，可以通过给定关键字的方法来搜索提供的文档。例如，我们可以搜索与 svm 有关的文档，代码如下：
```
> help.search("svm")
```

(10) 可以使用快捷键"？？"达到 help.search 的作用：
```
> ??svm
```

（11）有些包自带样例和演示程序，可以使用 example 或者 demo 来了解这些样例及演示程序。例如了解 lm 包的样例和 graphics 包的演示程序，可以输入下列命令：

```
> example(lm)
> demo(graphics)
```

（12）如果希望了解所有可以演示的程序，可以调用 demo 函数列出清单：

```
> demo()
```

安装完毕后，系统会提供包的文档信息。我们可以进一步查看文档信息或者与安装包和函数相关的帮助信息，也可以通过包自带的样例及演示程序更好地了解它们的使用方法。

1.3　应用 R 实现数据操作

1.3.1　数据读写

在启动数据挖掘任务前，必须将数据导入 R 中。接下来将介绍如何将数据从文件导入内存中以及使用 R 预定义数据集的方法。

通常，数据采集的结果包含了多种文件和数据格式，为了能够实现数据文件夹和 RData 的转换，R 提供了多种内置函数，包括 save、load、read.csv、read.table、write.csv 和 write.table 等。

iris 数据集是数据分析领域最有名、使用率最高的数据集。在此，我们以 iris 数据集为例，展示调用 save 和 load 函数保存和导入 RData 的方法。另外，我们还将展示使用 read.csv、write.csv、read.table 和 write.table 这几个函数实现从文件到数据框转换的过程。学会掌握 R 的 I/O 函数非常重要，因为大多数时候我们都需要使用外部数据源，需要借助这些函数将数据装载到 R 的会话中。

首先在本机启动 R 或者 RStudio，由于本节内容涉及文件 I/O，如果用户没有指定完整的 I/O 路径，则读写操作将在默认的当前工作路径上进行。

我们可以在 R 中输入 getwd() 来获取当前工作路径。如果希望切换当前工作路径，可以使用 setwd("<路径>")。

执行以下命令，在 R 中进行数据读写。

（1）输入以下命令，浏览 R 中自带数据集：

```
> data()
```

R 将返回在 dataset 包中所有数据集的清单，清单包括数据集的名称和相关描述。

(2) 输入以下命令，将 iris 导入当前 R 会话中：

```
> data(iris)
```

此时，iris 数据集已经导入 R 中并以数据框格式保存，数据框是 R 存储数据表的通用数据结构。

(3) 可以调用 class 函数了解 iris 的数据类型：

```
> class(iris)
```

执行结果如下：

```
[1] "data.frame"
```

data.frame 控制台将以数据框的格式输出 iris 数据集的信息。

(4) 调用 save 函数将一个对象存入文件中。例如，调用以下命令，将加载的 iris 数据存入 myData.RData 文件对象中：

```
> save(iris,file = "myData.RData")
```

(5) 使用 load 函数将保存好的对象重新导入 R 中。例如，调用以下命令把 myData.RData 导入 R 中：

```
> load("myData.RData")
```

(6) 除了内置数据集，R 还提供了将文本导入数据框的函数。例如，read.table 函数能够将给定文本的内容导入数据框中，代码如下：

```
> test.data=read.table(header = T,text="
+a b
+1 2
+3 4
+")
```

(7) 可以使用 row.names 和 col.names 函数来确定数据集的行列名称：

```
> colnames(test.data)=c("a","b")
> row.names(test.data)=c("first","second")
```

(8) 除了可以使用 read.table 函数导入数据外，还可以使用 write.table 函数将数据导出，代码如下：

```
> write.table(test.data,file="test.txt",sep = "")
```

函数 write.table 能够将数据集的内容输出到 test.txt(输出路径可通过 getwd()获得)，用空格作为分隔符。

(9) 函数 write.csv 也可以实现数据到文件的导出功能，但 write.csv 需用逗号作为分隔符，命令如下：

```
> write.csv(test.data,file="test.txt")
```

1.3.2　数据基本操作

由于数据处理是整个数据分析过程中最耗时的部分，所以我们非常有必要了解这些函数来实现数据操作。

在启动数据分析之前，将采集到的数据组成一个结构化的形式是非常重要的。我们使用 R 的数据框就可以简单实现数据集的分割、合并和排序。首先，本节会介绍两种获取数据子集的方法，一种是使用方括号，另一种是使用 subset 函数。我们还可以通过挑选指定列以及设定筛选规则来获取数据子集。另外本节还将介绍利用 merge 函数来合并数据框。最后再介绍使用 order 函数实现数据排序。

执行以下操作，用 R 进行数据操作，方括号中间为数据子集。

(1) 将 iris 数据集导入 R 会话中：

```
> data(iris)
```

(2) 选择数据，可以使用方括号来指明数据集的索引，第一项为行，第二项是列，命令如下：

```
> iris[1,5]
> iris[1,"Species"]
```

运行结果如下：

```
[1] setosa
Levels: setosa versicolor virginica
```

(3) 从 c() 中选择多项：

```
> iris[,c("Sepal.Length","Sepal.Width")]
```

运行结果如下：

```
   Sepal.Length Sepal.Width
1           5.1         3.5
2           4.9         3.0
3           4.7         3.2
4           4.6         3.1
5           5.0         3.6
6           5.4         3.9
7           4.6         3.4
8           5.0         3.4
9           4.4         2.9
10          4.9         3.1
11          5.4         3.7
```

（4）使用 str() 来展示 iris 内部结构：

> str(iris)

运行结果如下：

```
'data.frame':   150 obs. of  5 variables:
 $ Sepal.Length: num  5.1 4.9 4.7 4.6 5 5.4 4.6 5 4.4 4.9 ...
 $ Sepal.Width : num  3.5 3 3.2 3.1 3.6 3.9 3.4 3.4 2.9 3.1 ...
 $ Petal.Length: num  1.4 1.4 1.3 1.5 1.4 1.7 1.4 1.5 1.4 1.5 ...
 $ Petal.Width : num  0.2 0.2 0.2 0.2 0.2 0.4 0.3 0.2 0.2 0.1 ...
 $ Species     : Factor w/ 3 levels "setosa","versicolor",..: 1 1 1 1 1 1 1 1 1 1 ...
```

（5）根据指定索引获取数据集的子集。我们可以在方括号的第一项中指明索引范围，如在以下样例中，取出 Sepal.Length 和 Sepal.Width 两列的前五项：

> Five.Sepal.iris=iris[1：5,c("Sepal.Length","Sepal.Width")]

> str(Five.Sepal.iris)

运行结果如下：

```
'data.frame':    5 obs. of  2 variables:
 $ Sepal.Length: num  5.1 4.9 4.7 4.6 5
 $ Sepal.Width : num  3.5 3 3.2 3.1 3.6
```

（6）可以设置数据的筛选条件。例如：挑选仅包含 setosa 类别的数据，返回数据全部 5 列信息。以下样例中，方括号内第一项指明筛选规则，第二项指明返回的列的范围：

> setosa.data=iris[iris$Species=="setosa",1：5]

> str(setosa.data)

运行结果如下：

```
'data.frame':   50 obs. of  5 variables:
 $ Sepal.Length: num  5.1 4.9 4.7 4.6 5 5.4 4.6 5 4.4 4.9 ...
 $ Sepal.Width : num  3.5 3 3.2 3.1 3.6 3.9 3.4 3.4 2.9 3.1 ...
 $ Petal.Length: num  1.4 1.4 1.3 1.5 1.4 1.7 1.4 1.5 1.4 1.5 ...
 $ Petal.Width : num  0.2 0.2 0.2 0.2 0.2 0.4 0.3 0.2 0.2 0.1 ...
 $ Species     : Factor w/ 3 levels "setosa","versicolor",..: 1 1 1 1 1 1 1 1 1 1 ...
```

（7）相应地，调用 which 函数返回符合条件的索引值，如以下样例所示，返回 iris 数据集是 setosa 类型的数据索引值：

> which(iris$Species=="setosa")

运行结果如下：

```
 [1]  1  2  3  4  5  6  7  8  9 10 11 12 13 14 15 16 17 18 19 20 21 22 23 24 25 26 27 2
8 29 30 31
[32] 32 33 34 35 36 37 38 39 40 41 42 43 44 45 46 47 48 49 50
```

(8) 操作返回的索引又可以作为挑选包含 setosa 类型的 iris 数据的依据，如以下样例所示，返回类型为 setosa 的数据对象的全部 5 列信息：

```
> setosa.data=iris[which(iris$Species=="setosa"),1: 5]
> str(setosa.data)
```

运行结果如下：

```
'data.frame':    50 obs. of  5 variables:
 $ Sepal.Length: num  5.1 4.9 4.7 4.6 5 5.4 4.6 5 4.4 4.9 ...
 $ Sepal.Width : num  3.5 3 3.2 3.1 3.6 3.9 3.4 3.4 2.9 3.1 ...
 $ Petal.Length: num  1.4 1.4 1.3 1.5 1.4 1.7 1.4 1.5 1.4 1.5 ...
 $ Petal.Width : num  0.2 0.2 0.2 0.2 0.2 0.4 0.3 0.2 0.2 0.1 ...
 $ Species     : Factor w/ 3 levels "setosa","versicolor",..: 1 1 1 1 1 1 1 1 1 1 ...
```

(9) 使用 subset 函数获取数据集的子集。

除了可以使用方括号外，R 还提供了 subset 函数，支持用户使用逻辑表达式取得数据框架子集。

首先在 iris 数据集中选择花萼长度、花萼宽度构成的子集。为了在 iris 数据集中选出花萼长度、花萼宽度，可在 select 参数中指明投影的列，代码如下：

```
> Sepal.data=subset(iris,select = c("Sepal.Length","Sepal.Width"))
> str(Sepal.data)
```

运行结果如下：

```
'data.frame':    150 obs. of  2 variables:
 $ Sepal.Length: num  5.1 4.9 4.7 4.6 5 5.4 4.6 5 4.4 4.9 ...
 $ Sepal.Width : num  3.5 3 3.2 3.1 3.6 3.9 3.4 3.4 2.9 3.1 ...
```

从结果可知，Sepal.data 数据集包含了 150 个 Sepal.Length 和 Sepal.Width 的对象。

然后，使用 subset 参数获得仅包含 setosa 类型的数据。以下为在 subset 函数的第二个参数指明筛选依据，代码如下：

```
> setosa.data=subset(iris,Species=="setosa")
> str(setosa.data)
```

运行结果如下：

```
'data.frame':    50 obs. of  5 variables:
 $ Sepal.Length: num  5.1 4.9 4.7 4.6 5 5.4 4.6 5 4.4 4.9 ...
 $ Sepal.Width : num  3.5 3 3.2 3.1 3.6 3.9 3.4 3.4 2.9 3.1 ...
```

(10) 合并数据：将两个具有相同列或行的数据框合并为一个。以下样例将展示如何将数据框 flowers.type 中 species 列为"setosa"、flowers 列为"iris"的子集和 iris 数据集拥有相同行名称的前三个行合并在一起，合并后列名为 species，代码如下：

```
> flower.type=data.frame(Species="setosa",Flower="iris")
```

```
> merge(flower.type,iris[1：3],by= "Species")
```

(11) 数据排序：函数 order 可以返回指定进行数据排序后的数据框。以下命令是根据花萼长度(从大到小)排序的 iris 数据集的前 6 条记录：

```
> head(iris[order(iris$Sepal.Length,decreasing = T),])
```

运行结果如下：

```
    Sepal.Length Sepal.Width Petal.Length Petal.Width  Species
132          7.9         3.8          6.4         2.0 virginica
118          7.7         3.8          6.7         2.2 virginica
119          7.7         2.6          6.9         2.3 virginica
123          7.7         2.8          6.7         2.0 virginica
136          7.7         3.0          6.1         2.3 virginica
106          7.6         3.0          6.6         2.1 virginica
```

1.3.3　应用简单统计

R 提供了大量的统计函数，支持用户对数据进行统计，并生成频率表和列联表，获得数据间的关联关系和得到统计推断。我们可以利用这些函数统计对单值变量进行描述性统计。本节首先介绍如何对单值变量进行分析，包括 mean、sd、var、min、max、median、range 以及 quantile 函数的使用，然后应用 sapply 函数对所有 4 个数值属性进行统计分析，并使用相关系数和协方差得到多变量的关系，最后展示如何通过统计检验来判断两个给定样本的统计差别。另外还将介绍可用于数据分析的基本统计函数的使用。

执行以下操作就可以在数据集上完成简单统计。

(1) 将 iris 数据集导入 R 会话中：

```
> data(iris)
```

(2) 获取数据格式：

```
> str(iris)
```

运行结果如下：

```
'data.frame':   150 obs. of  5 variables:
 $ Sepal.Length: num  5.1 4.9 4.7 4.6 5 5.4 4.6 5 4.4 4.9 ...
 $ Sepal.Width : num  3.5 3 3.2 3.1 3.6 3.9 3.4 3.4 2.9 3.1 ...
 $ Petal.Length: num  1.4 1.4 1.3 1.5 1.4 1.7 1.4 1.5 1.4 1.5 ...
 $ Petal.Width : num  0.2 0.2 0.2 0.2 0.2 0.4 0.3 0.2 0.2 0.1 ...
 $ Species     : Factor w/ 3 levels "setosa","versicolor",..: 1 1 1 1 1 1 1 1 1 1 ...
```

(3) iris 数据框包含 4 个数值型属性为 Sepal.Length、Sepal.Width、Petal.Length 和 Petal.Width 的变量。我们可以对数值型数据进行描述性统计分析，这些分析就要使用到如 mean、sd、var、min、max、median、range 以及 quantile 等函数了。以上这些函数均可用于数据集的 4 个属性。示例如下：

```
> mean(iris$Sepal.Length)
```

```
[1] 5.843333
> sd(iris$Sepal.Length)
[1] 0.8280661
> var(iris$Sepal.Length)
[1] 0.6856935
> min(iris$Sepal.Length)
[1] 4.3
> max(iris$Sepal.Length)
[1] 7.9
> median(iris$Sepal.Length)
[1] 5.8
> range(iris$Sepal.Length)
[1] 4.3 7.9
> quantile(iris$Sepal.Length)
    0%   25%   50%   75%  100%
   4.3   5.1   5.8   6.4   7.9
```

(4) 上述样例展示了如何对单值变量进行描述性统计分析，那么如果要对数据框的每一个数值型属性进行汇总统计，我们可以使用 sapply 函数。例如，忽略缺失值 (na.rm=TRUE),求 iris 数据框前 4 个属性的平均值，代码如下：

```
> sapply(iris[1：4], mean,na.rm=T)
```

运行结果如下：

```
Sepal.Length  Sepal.Width  Petal.Length  Petal.Width
    5.843333     3.057333      3.758000     1.199333
```

(5) 除了可以使用 sapply 函数对给定属性进行汇总统计分析，R 还提供了 summary 函数以得到描述性统计的完整结果。在下面的样例中，summary 函数返回 iris 数据集中平均值、中值、1/4 分位数、3/4 分位数、最小值和最大值：

```
> summary(iris)
```

运行结果如下：

```
 Sepal.Length    Sepal.Width     Petal.Length    Petal.Width          Species
 Min.   :4.300   Min.   :2.000   Min.   :1.000   Min.   :0.100   setosa    :50
 1st Qu.:5.100   1st Qu.:2.800   1st Qu.:1.600   1st Qu.:0.300   versicolor:50
 Median :5.800   Median :3.000   Median :4.350   Median :1.300   virginica :50
 Mean   :5.843   Mean   :3.057   Mean   :3.758   Mean   :1.199
 3rd Qu.:6.400   3rd Qu.:3.300   3rd Qu.:5.100   3rd Qu.:1.800
 Max.   :7.900   Max.   :4.400   Max.   :6.900   Max.   :2.500
```

(6) R 提供了帮助用户对变量关联关系进行分析的函数，如在以下样例中对 iris 数据集每一个属性对的关联关系进行计算，并生成 4×4 的矩阵：

```
> cor(iris[,1：4])
```

运行结果如下：

```
          Sepal.Length Sepal.width Petal.Length Petal.width
Sepal.Length    1.0000000   -0.1175698    0.8717538    0.8179411
Sepal.width    -0.1175698    1.0000000   -0.4284401   -0.3661259
Petal.Length    0.8717538   -0.4284401    1.0000000    0.9628654
Petal.width     0.8179411   -0.3661259    0.9628654    1.0000000
```

(7) R 还提供函数来计算 iris 数据集每一个属性对的协方差系数，命令如下：

```
> cov(iris[,1：4])
```

运行结果如下：

```
          Sepal.Length Sepal.width Petal.Length Petal.width
Sepal.Length    0.6856935   -0.0424340    1.2743154    0.5162707
Sepal.width    -0.0424340    0.1899794   -0.3296564   -0.1216394
Petal.Length    1.2743154   -0.3296564    3.1162779    1.2956094
Petal.width     0.5162707   -0.1216394    1.2956094    0.5810063
```

(8) 统计检验可以评估结果的显著性。我们在以下样例中展示使用 t 检验来分析两个变量之间的统计差异，即用 t 检验来判断 setosa 和 verdicolor 两类鸢尾花的花萼宽度的差别，如果获得的 p 值小于 0.5，说明这两类花的花萼宽度差别非常明显，代码如下：

```
> t.test(iris$Sepal.Width[iris$Species=="setosa"],iris$Sepal.Width[iris$Species=="versicolor"])
```

运行结果如下：

```
        Welch Two Sample t-test

data:  iris$Sepal.width[iris$Species == "setosa"] and iris$Sepal.width[iris$Species ==
"versicolor"]
t = 9.455, df = 94.698, p-value = 2.484e-15
alternative hypothesis: true difference in means is not equal to 0
95 percent confidence interval:
 0.5198348 0.7961652
sample estimates:
mean of x mean of y
    3.428     2.770
```

(9) 同样，可以对某类鸢尾花的花萼宽度和花萼长度之间的关系进行关联检验，并得到两个变量之间相关度的评分。若变量间正相关性越强，则评分越接近于 1；反之，若两者负相关性越强，则评分越接近于 −1，代码如下：

```
>cor.test(iris$Sepal.Length,iris$Sepal.Width)
```

运行结果如下：

```
        Pearson's product-moment correlation

data:  iris$Sepal.Length and iris$Sepal.Width
t = -1.4403, df = 148, p-value = 0.1519
alternative hypothesis: true correlation is not equal to 0
95 percent confidence interval:
 -0.27269325  0.04351158
sample estimates:
      cor
-0.1175698
```

1.3.4 数据可视化

数据可视化是一种强大的将数据图形化的信息交互方法，这种方法使数据理解变得非常简单。接下来将介绍一些基本的绘图函数，并展示可视化对数据挖掘的意义。

R 中提供了很多内置的绘图函数，可以绘制不同的图形来展示数据。通过饼图可以展示类别的分布，如果饼图尺寸均匀，说明每一个类别的分布是均衡的；直方图可以展示不同花萼长度的频数分布；盒图可以用来表达大量的描述性统计量，例如我们可以通过花萼宽度来区别不同类别的鸢尾花；散点图可以在一个图中表示很多变量的信息，可以使用 spairs 函数快速地表达出 iris 数据集中所有变量组合的散点图。

执行以下操作即可完成数据集的可视化。

(1) 将 iris 数据集导入 R 中：

```
> data(iris)
```

(2) 使用 table 命令计算 iris 数据集类别的频数：

```
> table(iris$Species)
```

运行结果如下：

```
setosa versicolor  virginica
   50         50         50
```

(3) 从频数中可以看出，每个种类的鸢尾花均占总数的 1/3。我们可以画一个简单的饼图来表示 iris 数据集中不同类别鸢尾花的分布情况。执行以下命令画出饼图：

```
> pie(table(iris$Species))
```

运行结果如图 1-6 所示。

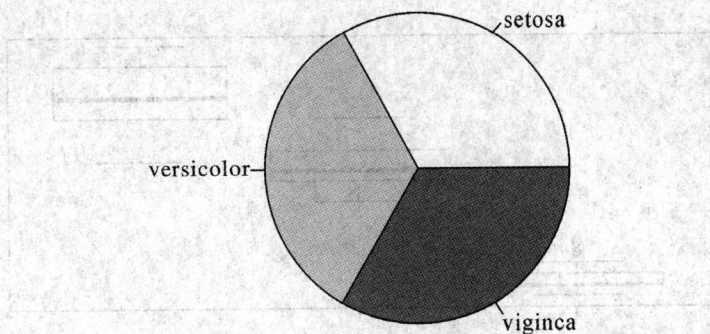

图 1-6　类别分布饼图

(4) 通过直方图展示花萼长度的分布。执行以下命令画出直方图：

```
> hist(iris$Sepal.Length)mn
```

运行结果如图 1-7 所示。

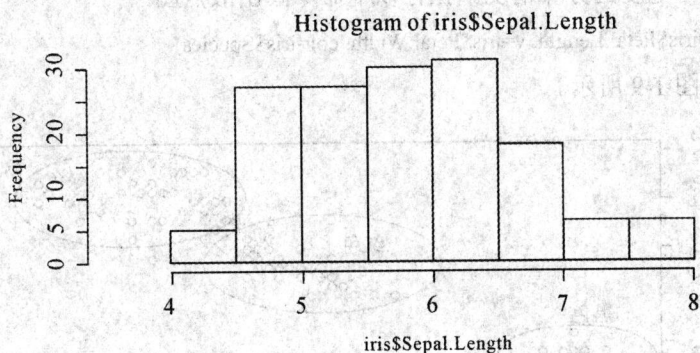

图 1-7　花萼长度分布的直方图

在图 1-7 所示的直方图中，x 轴为花萼长度，y 轴为不同花萼长度的数目。从图中可知，对于大多数鸢尾花，其花萼长度为 4～8 厘米。

(5) 通过盒图展示花萼宽度。盒图(也称箱线图)可以将很多信息放在一个简单盒子里。在盒图中，线段表示样本的中位数，矩阵代表了数据的 1/4 和 3/4 分位数，矩阵两端的虚线代表数值的范围。执行以下命令画出盒图：

```
> boxplot(Petal.Width~Species,data=iris)
```

运行结果如图 1-8 所示。

图 1-8 非常清楚地展示了 setosa 类鸢尾花的花萼宽度的中值和上界都比 versicolor 和 virginica 两个类别的鸢尾花要小很多。因此，花萼宽度可以作为区分鸢尾花物种的辅助属性。

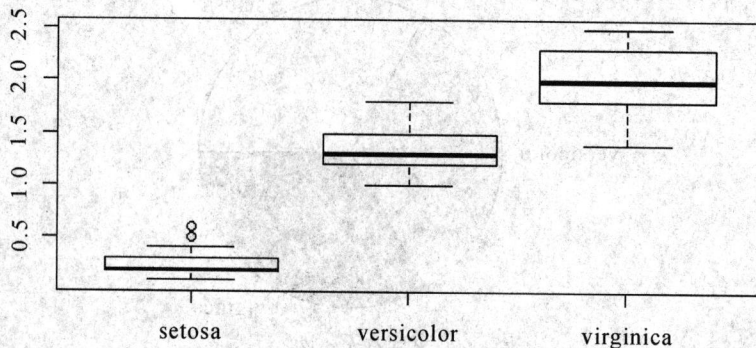

图 1-8　花萼宽度的盒图

（6）通过散点图展示花萼长度与宽度的关系。散点图可以被应用于在一个图中比较分析两个变量之间的关联关系。如以下样例用有颜色的点分别展示了根据所属类别的不同，其花萼长度与宽度的分布情况。执行以下命令画出散点图：

```
> plot(x=iris$Petal.Length, y=iris$Petal.Width, col=iris$Species)
```

运行结果如图 1-9 所示。

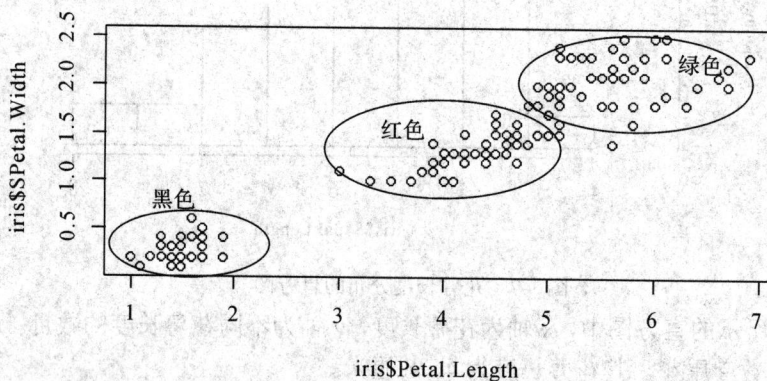

图 1-9　花萼长度与宽度的分布散点图

（7）图 1-9 绘制了花萼长度和宽度的散点图，由于 iris 数据集有 4 个属性，若要绘制所有属性两两之间关联的散点图则需要 6 次操作，比较麻烦。在此 R 提供了 pairs 函数，它可以在一个图中绘制出所有的子图。执行以下命令即可：

```
> pairs(iris[1：4])
```

运行结果如图 1-10 所示。

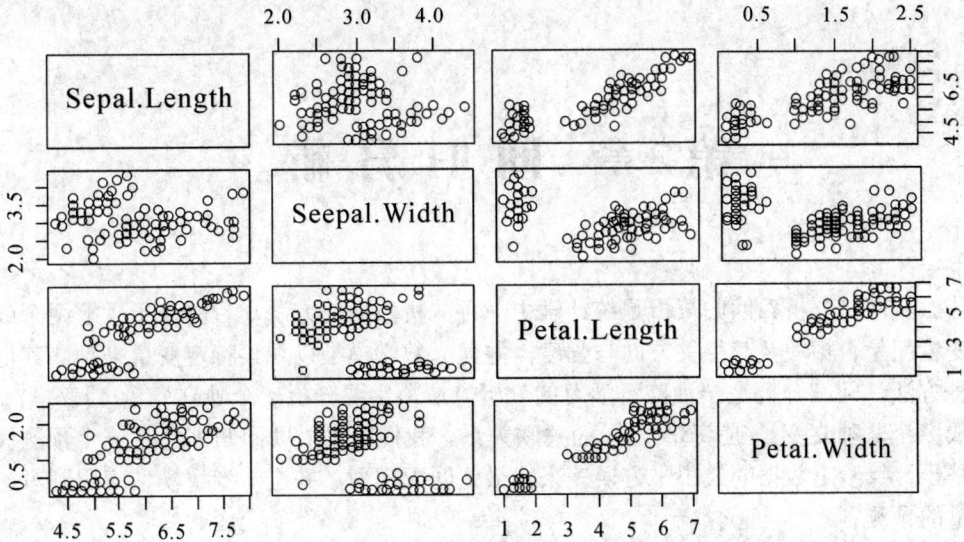

图 1-10　iris 数据集的组成散点图

习　　题

1. 在 RStudio 会话区如何显示当前工作空间的所有对象？如何删除对象？退出 R 程序，选择保持当前工作空间，重新打开 R，原来的对象是否仍然存在？找到保存的工作空间文件。

2. 执行下列语句后 x 的值是多少？

```
x<-100
x+1;y<-2*(x+2)
```

3. 执行下面的代码：

```
x<-1：12
y<-matrix(x,nrow=3)
```

is.array(x)和 is.array(y)的值分别是什么？dim(x)和 dim(y)的值分别是什么？

4. R 包括一个名为 stackloss 的基础数据集，请加载该数据集，用 str()、head()和 tail()等函数探索该数据集，并得出每个变量的均值、分位数、方差、标准差以及两两间的协方差。

第 2 章　回归分析

什么是回归分析？回归分析是统计学中一种分析数据的方法，目的在于了解两个或多个变量间是否相关及其相关方向与强度，并建立数学模型以观察特定变量来预测其他的一种方法。回归分析是一种监督学习的分析方法，主要分析一个独立变量(因变量)和一个或多个非独立变量(自变量)之间的关联关系。我们可以借助回归来建立一个预测模型，基于计算给定数据的最小平方误差来找最优匹配模型，并进一步将模型应用到对连续变量的预测。

回归分析的方法很多，如果模型只包含一个预测变量，并且在响应变量和预测变量之间存在线性关系，则可以采用线性回归模型；但如果模型包含多个预测变量且之间为线性关系，则应选用多重线性回归模型；如果预测变量和响应变量之间是非线性关系，我们可以使用非线性模型建模。

本章将介绍如何调用 lm 函数构建线性回归模型，并使用回归模型预测未知数，然后调用 rlm 函数生成稳健线性回归模型，最后展示对更复杂的 SLID 数据集(Surcey of Labor and Income Dynamics，劳动力与收入动态调查)进行线性回归分析的案例。

2.1　简单线性回归分析

2.1.1　调用 lm 函数构建简单线性回归模型

所谓简单线性回归模型，就是只对两个变量的线性关系进行研究的回归模型，它是一种最基本的回归模型。它只考虑两个变量，可以根据一个变量来预测另一个变量，且两个变量之间为线性关联。被预测的变量称为因变量，记作 Y；用来预测的变量称为自变量或者解释变量，记作 X。

简单的回归模型可以用公式 $y = a + bx$ 表示，其中，a 为截距，而斜率 b 表示当 x 发生变化时，y 也随之变化的大小。在 R 语言中，可以使用 lm 函数来构建数据间的线性回归模型。

我们需要准备好包含一个因变量和自变量,并且变量之间为线性关联的数据集。

执行以下操作,调用 lm 函数对数据进行线性回归处理。

(1) 安装 car 包,并导入 car 库到 R 环境中:

```
> install.packages("car")
> library(car)
```

(2) 从该包中,导入 Quartet 数据集:

```
> data("Quartet")
```

(3) 调用 str 函数展示 Quartet 数据集的结构:

```
> str(Quartet)
```

运行结果如下:

```
'data.frame':   11 obs. of  6 variables:
 $ x : int  10 8 13 9 11 14 6 4 12 7 ...
 $ y1: num  8.04 6.95 7.58 8.81 8.33 ...
 $ y2: num  9.14 8.14 8.74 8.77 9.26 8.1 6.13 3.1 9.13 7.26 ...
 $ y3: num  7.46 6.77 12.74 7.11 7.81 ...
 $ x4: int  8 8 8 8 8 8 8 19 8 8 ...
 $ y4: num  6.58 5.76 7.71 8.84 8.47 7.04 5.25 12.5 5.56 7.91 ...
```

(4) 调用 plot 函数绘制变量 x 和 y1 的散点图,并调用 lm 和 abline 函数绘制回归线段(如图 2-1):

```
> plot(Quartet$x, Quartet$y1)
> lmfit=lm(y1~x, Quartet)
> abline(lmfit, col="red")
```

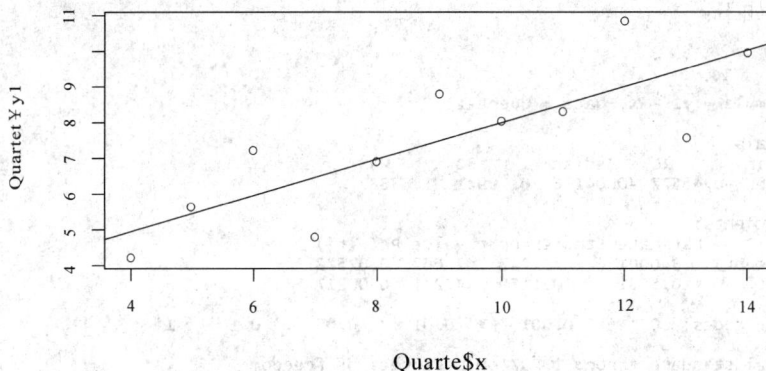

图 2-1   lm 函数得到的简单回归

(5) 执行下列操作来查看模型:

> lmfit

运行结果如下：

```
Call:
lm(formula = y1 ~ x, data = Quartet)

Coefficients:
(Intercept)              x
    3.0001         0.5001
```

在以上样例中，我们先导入 car 包的 Quartet 数据集，变量 x 和 y1 之间存在线性关联，我们绘制了这些变量的散点图，还调用了 lm 函数生成两个变量的回归模型以获取回归直线。然后调用了 abline 函数将回归直线展示在散点图中，从输出结果可以看出，回归线说明了变量 x 和 y1 之间的线性关系，回归系数 b 为 0.5001，线段的截距 a 为 3.0001。最后我们可以基于截距和回归系数的值来推断因变量 y 的值，例如，当 x = 3 时，因变量 y = 4.5103。

2.1.2　输出线性模型的特征信息

summary 函数是一种通用的生成摘要统计信息的函数。调用 summary 函数，能够获得格式化回归系数、标准差、自由度以及其他的模型特征信息。接下来将介绍如何使用 summary 函数来获得模型的整体信息。

在此需要完成前述的从 Quartet 数据集中计算变量 x 和 y1 的线性模型，并将建立的模型存放在 lmfit 变量中，然后执行以下操作，完成对模型特征信息的输出。

通过如下代码计算该模型的详细统计信息：

> summary(lmfit)

运行结果如下：

```
Call:
lm(formula = y1 ~ x, data = Quartet)

Residuals:
     Min       1Q   Median       3Q      Max
-1.92127 -0.45577 -0.04136  0.70941  1.83882

Coefficients:
            Estimate Std. Error t value Pr(>|t|)
(Intercept)   3.0001     1.1247   2.667  0.02573 *
x             0.5001     0.1179   4.241  0.00217 **
---
Signif. codes:  0 '***' 0.001 '**' 0.01 '*' 0.05 '.' 0.1 ' ' 1

Residual standard error: 1.237 on 9 degrees of freedom
Multiple R-squared:  0.6665,    Adjusted R-squared:  0.6295
F-statistic: 17.99 on 1 and 9 DF,  p-value: 0.00217
```

以上过程计算并返回得到了一系列线性模型的统计量，包括模型的残差、系数的标准误差、相关系数 R^2、F 统计量以及自由度等。在 call 部分构建模型的函数被展示，而在 residuals 部分提供了一个有关模型分布的统计量(最小值、1/4 分位数、均值、3/4 分位数、最大值)的输出。在 coefficient 部分，每个系数都是一个高斯随机变量，其中 estimate 列展示了变量均值的分布；std.Error 展示了变量的标准误差；t 值是 estimate 与 std.Error 的比值；p 值说明了生成一个大于 t 值的变量的概率。在此例中，当截距等于 0.02573 及变量 x 等于 0.00217 时，模型 p 值拥有 95%的置信度。

残差标准误差输出了产出的标准偏差值，而自由度指由训练样本得到的观测值与模型参考值之间的差别。多重 R^2 是回归平方和与总离差平方和的比值。我们可以利用 R^2 来评估回归线对样本观测值的拟合程度，R^2 值越高，回归模型越优良。但是仅依靠 R^2 我们并不能得出模型是都符合要求的。这意味着，对于一个良好的回归模型，可能其 R^2 值很低，而对于一个不好的回归模型，其 R^2 值也可能很高。因为 R^2 不考虑自由度，所以计算值存在偏差。为了得到更准确的评估结果，我们往往使用经过调整的 R^2 进行无偏差的评估，在样本例中，经过调整的 R^2 为 0.6295，略低于之前 R^2 值(之前为 0.6665)。对模型经过 F 检验也可以得到 F 统计量，本例 p 值为 0.00217(小于 0.05)，表面 F 的观测值大于 F 临界值，也就是说，在变量之间存在很强的正相关性。

2.1.3 使用线性回归模型预测未知数

当构建好一个线性回归模型后，可以将其应用于未知数的预测。给定回归模型，我们可以得到其预测精确度以及预测区间和置信区间。接下来将探讨在这两个参数限制下，如何完成对未知数的预测。

从前述操作中，我们从 Quartet 数据集计算得到了描述变量 x 和 y1 关系的线性模型，接下来执行以下操作，利用线性回归预测未知值。

(1) 找到描述变量 x 和变量 y1 关联的线性模型：

```
> lmfit=lm(y1~x, Quartet)
```

(2) 将准备进行预测的数据放入 newdata 数据框中：

```
> newdata=data.frame(x=c(3, 6, 15))
```

(3) 将置信度设为 0.95，计算预测值：

```
> predict(lmfit, newdata, interval = "confidence", level = 0.95)
```

运行结果如下：

```
        fit       lwr       upr
1  4.500364  2.691375  6.309352
2  6.000636  4.838027  7.163245
3 10.501455  8.692466 12.310443
```

在以上操作中参数 interval 的值设为 "confidence"，置信度设为 0.95。从第 1 行输出结果可知，当 x = 3 时，y1 = 4.500364，在置信度为 95%的条件下，变量 y1 的均值范围为从 2.691375 到 6.309352；另外，第 2 行和第 3 行分别为 x = 6 和 x = 15 时，给出的 y1 的预测值及均值范围。

(4) 使用预测区间，计算预测值，代码如下：

```
> predict(lmfit, newdata, interval = "predict")
```

运行结果如下：

```
        fit       lwr        upr
1   4.500364  1.169022   7.831705
2   6.000636  2.971271   9.030002
3  10.501455  7.170113  13.832796
```

在以上操作中将参数 interval 改为 "predict"。从第 1 行预测结果可以看出，当 x = 3 时，y1 = 4.500364，变量 y1 的范围为从 1.169022 到 7.831705；第 2 行和第 3 行分别为 x = 6 和 x = 15 时，y1 的预测值及均值范围。

2.1.4　生成模型的诊断图

我们可以通过诊断分析来评估回归假设，判断给定回归模型是否准确地描述了数据之间的关系，本节将探讨如何通过诊断图来完成对回归模型的诊断分析。

从前述操作中，我们得到了 quartet 数据集中变量 x 和 y1 的线性模型，并将模型放入 lmfit 变量中。接下来执行以下操作，生成相关模型的诊断图。

绘制回归模型的诊断图的代码如下：

```
> par(mfrow=c(2, 2))
> plot(lmfit)
```

运行结果如图 2-2 所示。

在此我们调用 plot 函数得到给定回归模型的 4 张诊断图，其详述如下：

图 2-2(a)表示残差和拟合值之间的关联。残差代表当前点到回归直线的垂直距离，如果所有点都能准确落在回归线上，那么所有残差将准确落在图中虚线上。图中红色直线是根据残差得到的平滑曲线，如果所有的点都完全落在回归线上，那红色的平滑曲线将与虚线完全重合。

图 2-2(b)表示残差的正态图，此图验证残差是正态分布的猜想。因此如果残差服从正态分布，散点应该基本落在图中虚线上。

图 2-2(c)为位置-尺度图，用于计算标准残差与拟合值比值的平方根。因此，如果所有点都落在回归线上，y 值近似于 0。如果我们假设残差的变化不会对分布有本质影响的

话，图中红色线段应趋于平坦。

图 2-2(d)展示了标准残差与杠杆值的关系。杠杆值是衡量观测点对回归效果影响大小的度量，是观测点到回归中心的距离以及孤立级别(以该点周围是否存在近邻点作为依据)的度量。同样，我们可以从中得到 cook 距离的轮廓，该距离受高杠杆率和大的残差值影响。我们可以利用 cook 值来评估如果去掉某个观测值后回归模型的变化。图中，红色直线相对标准差是平滑的，如果回归模型非常好，红色直线跟图中虚线会非常接近，cook 距离小于 0.5。

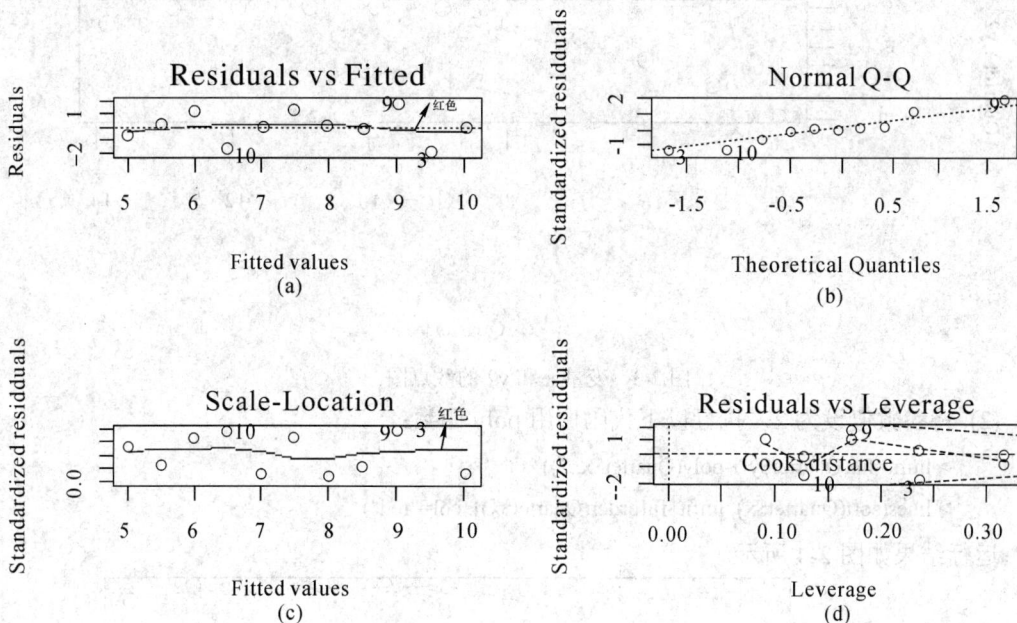

图 2-2 回归模型的诊断图

2.2 多项式回归分析

2.2.1 利用 lm 函数生成多项式回归模型

有些因变量和自变量之间也许存在非线性关系，此时，我们可以利用 n 阶多项式来建模，其中二阶多项式回归模型的公式为 $y = a + bx + cx^2$，其中 a 为截距，b 为回归系数。只要我们根据数据集拟合出 a、b、c 的值，任意给一个新的 x，我们就可以预测出对应的 y 值。

接下来我们将探讨如何调用 lm 和 poly 函数实现多项式回归模型。首先需要准备一个在预测变量和响应变量之间存在 n 阶多项式关联的数据集，在这里，我们继续选择 car 包中的 quartet 数据集作为样例的输入数据集。

执行以下操作步骤，即可使用 lm 函数生成一个多项式回归模型。

(1) 运行以下代码绘制变量 x 和 y2 的散点图：

```
> plot(Quartet$x, Quartet$y2)
```

运行结果如图 2-3 所示。

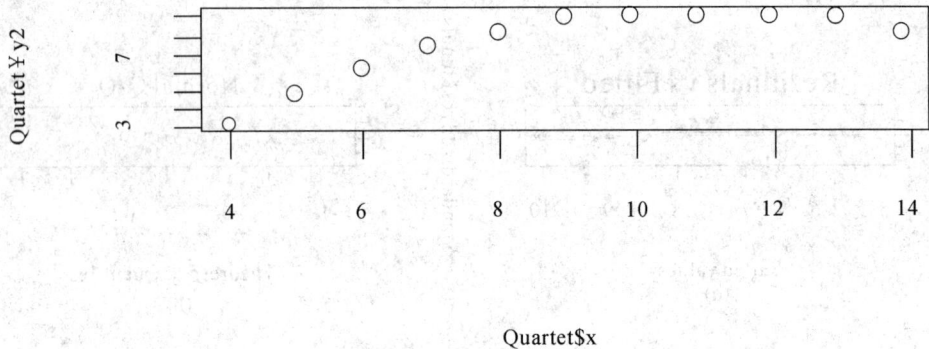

图 2-3　变量 x 和 y2 的散点图

(2) 将参数值设为 2，执行以下代码调用 poly 函数：

```
> lmfit=lm(Quartet$y2~poly(Quartet$x, 2))
> lines(sort(Quartet$x), lmfit$fit[order(Quartet$x)], col="red")
```

运行结果如图 2-4 所示。

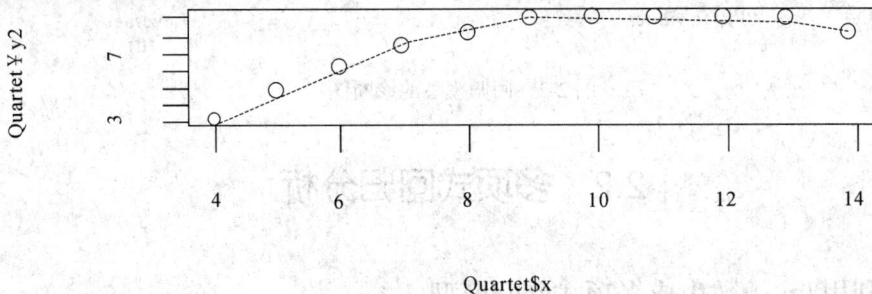

图 2-4　poly 函数图

在步骤(1)的运行结果中，散点图展示了变量 x 和 y2 之间不存在线性关系，但形成一条下凹(上凸)的曲线，转折点在 x=11 处；在步骤(2)中我们将建模参数设为 2，以调用 poly 函数来构建非线性模型，模型中 x 为自变量，y2 为因变量。图中虚线段说明模型对观测值的拟合度很高。

2.2.2 调用 rlm 函数生成稳健线性回归模型

数据中的孤立点会对回归直线的准确性带来一定影响，除了去掉孤立点的方法外，我们可以利用稳健线性回归来处理包含孤立点的数据集。接下来我们就介绍如何调用 rlm 函数对孤立点的数据集进行稳健线性回归分析。

准备好包含孤立点，并且孤立点会影响回归模型准确性的数据集，在此我们将继续使用之前提到的 Quartet 数据集。

执行以下操作步骤，即可使用 rlm 构建稳健线性回归模型。

(1) 运行以下代码绘制变量 x 和 y3 的散点图：

```
> plot(Quartet$x, Quartet$y3)
```

运行结果如图 2-5 所示。

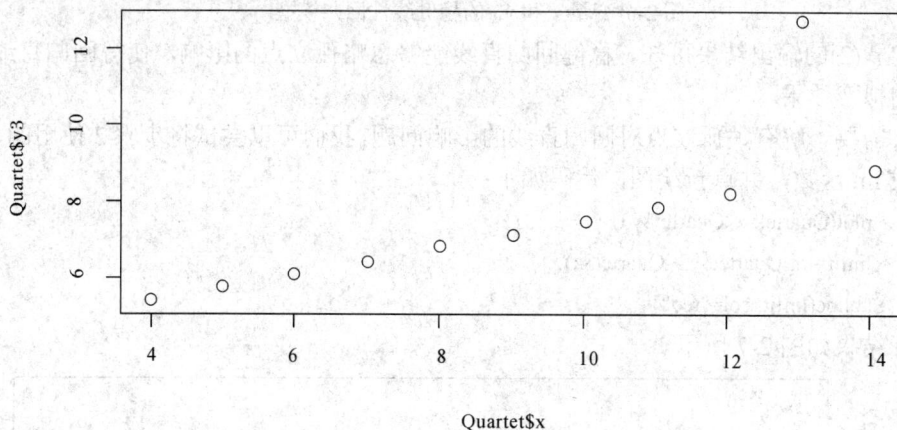

图 2-5　变量 x 和 y3 的散点图

从步骤(1)的结果可以看出，我们遇到了包含孤立点的数据集，并且这些孤立点的存在会对回归模型的正确性造成不良影响。接下来我们展示如何通过 rlm 函数生成稳健线性回归模型来消除孤立点带来的负面影响。

(2) 运行以下代码导入 MASS 库，并调用 rlm 函数生成模型，再调用 abline 函数可视化回归直线：

```
> library(MASS)
> lmfit=rlm(Quartet$y3~Quartet$x)
> abline(lmfit, col="red")
```

运行结果如图 2-6 所示。

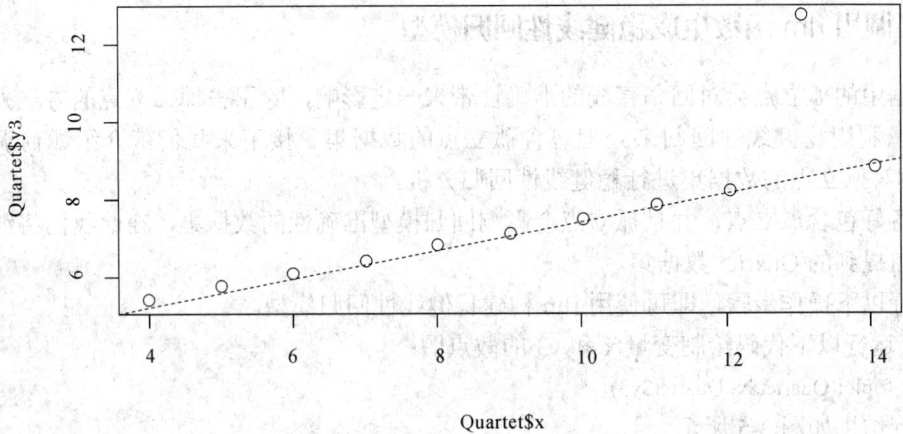

图 2-6 变量 x 和 y3 的稳健线性回归模型

从步骤(2)的输出结果可知，稳健回归直线能够忽略孤立点的影响，使得回归直线达到很好的拟合效果。

如果需要了解有关孤立点对回归直线的影响问题，我们可以尝试将步骤 2 使用的 rlm 函数换成 lm 函数，并重新绘图，代码如下：

```
> plot(Quartet$x, Quartet$y3)
> lmfit=lm(Quartet$y3~Quartet$x)
> abline(lmfit, col="red")
```

运行结果如图 2-7 所示。

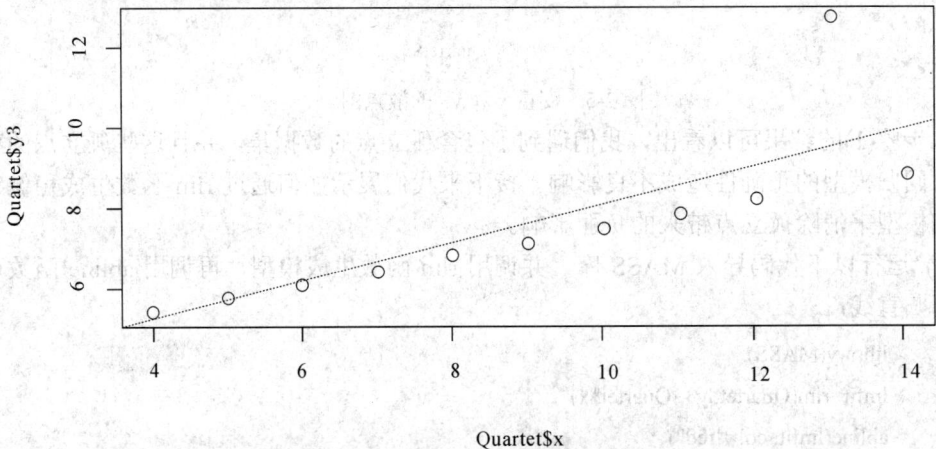

图 2-7 变量 x 和 y3 的线性回归

比较两图中的回归直线，很明显可以看出，孤立点(x=13)使得回归直线产生了偏移。

2.3 在 SLID 数据集上研究线性回归案例

为了更好地理解前述内容，我们将介绍更复杂的数据集进行回归分析，探讨如何在劳动力与收入动态调查数据集(Surcey of Labor and Income Dynamics，SLID)构建线性回归模型。

要在 SLID 数据集上实施线性回归分析，应首先导入 SLID 数据集，并调用 str 函数输出数据集的结构，从数据集结构看，有四个独立变量会对非独立变量 wages 的值产生影响。

要访问 SLID 数据集应先确认是否安装和导入了 car 包。

执行以下操作步骤，即可在 SLID 数据集上进行线性回归分析。

(1) 调用 str 函数，获得数据集的基本信息：

```
> str(SLID)
```

运行结果如下。

```
'data.frame':   7425 obs. of  5 variables:
 $ wages    : num  10.6 11 NA 17.8 NA ...
 $ education: num  15 13.2 16 14 8 16 12 14.5 15 10 ...
 $ age      : int  40 19 49 46 71 50 70 42 31 56 ...
 $ sex      : Factor w/ 2 levels "Female","Male": 2 2 2 2 2 1 1 1 2 1 ...
 $ language : Factor w/ 3 levels "English","French",..: 1 1 3 3 1 1 1 1 1 1 ...
```

(2) 可视化变量工资与语言、年龄、受教育程度以及性别的关系，代码如下：

```
> par(mfrow=c(2, 2))
> plot(SLID$wages~SLID$language)
> plot(SLID$wages~SLID$age)
> plot(SLID$wages~SLID$education)
> plot(SLID$wages~SLID$sex)
```

运行结果如图 2-8 所示：

在此，我们探讨了每个独立变量和非独立变量 wages 之间的关系，并对结果进行了可视化处理。图 2-8(a)用盒图展示了变量 wages 在变量 language 取 3 个不同值的变化，我们没有发现两个变量之间有明显关联。从图 2-8(b)可知变量 age 和非独立变量 wages 之间是正相关的。从图 2-8(c)可知，变量 education 与变量 wages 之间是正相关的。图 2-8(d)的盒图显示男性的工资略高于女性的工资。

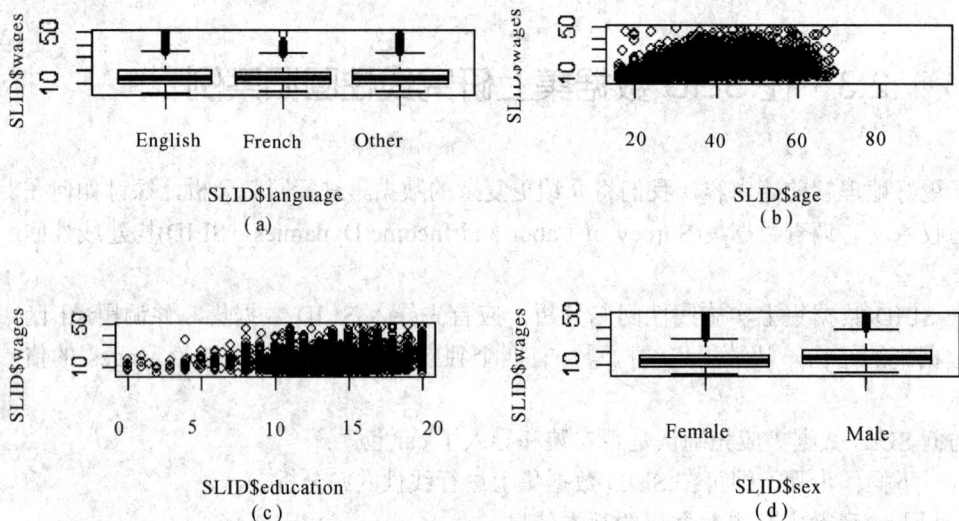

图 2-8　工资和多种影响因素之间的关系

(3) 调用 lm 函数生成模型：

```
> lmfit=lm(wages~., data=SLID)
```

(4) 调用 summary 函数获取模型的特征信息：

```
> summary(lmfit)
```

运行结果如下：

```
Call:
lm(formula = wages ~ ., data = SLID)

Residuals:
    Min      1Q  Median      3Q     Max
-26.062  -4.347  -0.797   3.237  35.908

Coefficients:
                Estimate Std. Error t value Pr(>|t|)
(Intercept)    -7.888779   0.612263 -12.885  <2e-16 ***
education       0.916614   0.034762  26.368  <2e-16 ***
age             0.255137   0.008714  29.278  <2e-16 ***
sexMale         3.455411   0.209195  16.518  <2e-16 ***
languageFrench -0.015223   0.426732  -0.036   0.972
languageOther   0.142605   0.325058   0.439   0.661
---
Signif. codes:  0 '***' 0.001 '**' 0.01 '*' 0.05 '.' 0.1 ' ' 1

Residual standard error: 6.6 on 3981 degrees of freedom
  (3438 observations deleted due to missingness)
Multiple R-squared: 0.2973,    Adjusted R-squared: 0.2964
F-statistic: 336.8 on 5 and 3981 DF,  p-value: < 2.2e-16
```

(5) 去掉 language 属性，重新调用 lm 函数生成模型，代码如下：

```
> lmfit=lm(wages~age+sex+education, data=SLID)
> summary(lmfit)
```

运行结果如下：

```
Call:
lm(formula = wages ~ age + sex + education, data = SLID)

Residuals:
    Min      1Q  Median      3Q     Max
-26.111  -4.328  -0.792   3.243  35.892

Coefficients:
            Estimate Std. Error t value Pr(>|t|)
(Intercept) -7.905243   0.607771  -13.01   <2e-16 ***
age          0.255101   0.008634   29.55   <2e-16 ***
sexMale      3.465251   0.208494   16.62   <2e-16 ***
education    0.918735   0.034514   26.62   <2e-16 ***
---
Signif. codes:  0 '***' 0.001 '**' 0.01 '*' 0.05 '.' 0.1 ' ' 1

Residual standard error: 6.602 on 4010 degrees of freedom
  (3411 observations deleted due to missingness)
Multiple R-squared:  0.2972,    Adjusted R-squared:  0.2967
F-statistic: 565.3 on 3 and 4010 DF,  p-value: < 2.2e-16
```

在步骤(3)～(5)中，我们将变量 wages 作为模型的预测变量，通过模型特征输出可知，变量 education、age 和 sex 的显著性水平较高(p 值 < 0.05)，而 language 的显著性水平较低(p 值 > 0.05)，然后，我们去掉不重要的属性 language，并重新构建了包含三个独立变量(education、age、sex)和非独立变量(wages)之间的线性模型，调整后的模型其 F 统计量从 336.8 提升到 565.3。

(6) 调用 lmfit 函数绘制诊断图：

```
> par(mfrow=c(2, 2))
> plot(lmfit)
```

运行结果如图 2-9 所示。

(7) 求工资的对数，并重新绘制诊断图，代码如下：

```
> lmfit=lm(log(wages)~age+sex+education, data=SLID)
> plot(lmfit)
```

运行结果如图 2-10 所示。

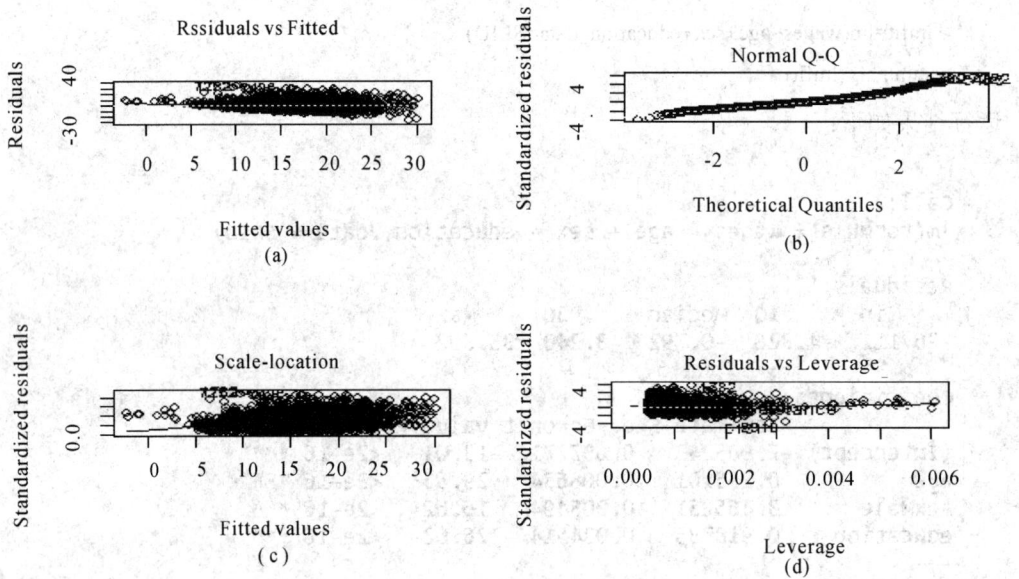

图 2-9　模型诊断图

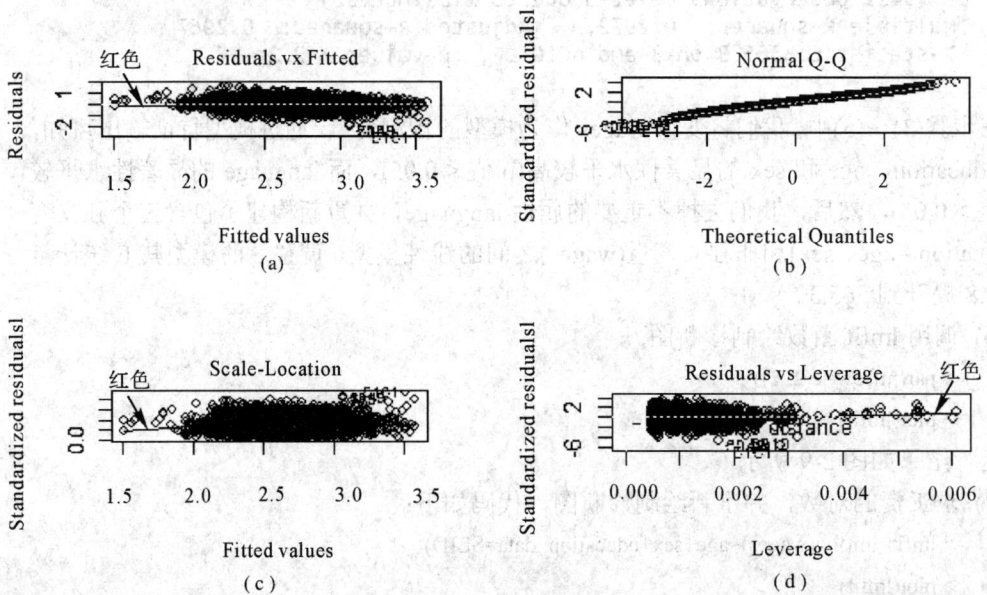

图 2-10　修改后的诊断图

在步骤(6)～(7)中，我们生成了该模型的诊断图，所有诊断图的输出都证实了回归模型与预测的回归假设是符合的。但从残差图、位置-尺度图可知，较小的残差相对回归模型都存在一定程度偏差。由于变量 wages 变化范围较大，为了对称，我们引入变量 wages 的对数重新构建回归模型，调整后，代表残差的红色直线以及位置-尺度图都接近虚线。

(8) 调用 vif 函数诊断多重共线性回归模型：

> vif(lmfit)

运行结果如下：

```
      age         sex education
 1.011613    1.000834   1.012179
```

> sqrt(vif(lmfit))>2

```
      age          sex education
   FALSE        FALSE      FALSE
```

在步骤(8)中，我们需要检验模型中是否存在多重共线性关系。当预测变量与其他预测变量之间存在高度关联即成为多重共线性。如果模型中存在多重共线性，某些变量的可决系数会变得很高，变量显著性却很低。为了验证多重共线性存在，我们可以调用 vif 函数计算线性和广义线性模型的方差膨胀因子，如果多重共线性存在，则会发现预测值的方差膨胀因子大于 2，这时可以去掉冗余的预测变量，或者使用主成分将预测变量集转换成一个不相关的小的变量集合。

(9) 安装和导入 lmtest 包，并调用 bptest 函数诊断回归模型的异方差性，代码如下：

> install.packages("lmtest")

> library(lmtest)

> bptest(lmfit)

运行结果如下：

```
        studentized Breusch-Pagan test

data:  lmfit
BP = 29.031, df = 3, p-value = 2.206e-06
```

以上过程就可以检验模型是否存在异方差性。在介绍异方差定义前，我们首先要清楚一个经典猜想，通常对于一般线性回归模型，都会假设观测值的误差的方差是常数或为齐次。异方差性则意味着变量的方差分布不均匀，因此，可能导致我们评估的标准差存在误差，误导假设的检验结果。我们调用 lmtest 包中的 bptest 函数来执行 Breusch-Pagan 检验以判断线性回归模型是否存在异方差。样例中 p 值为 2.206e-06($p<0.5$)，因此有关

异方差性的原假设不成立。也就是说参数估计的标准误差不正确。为此，我们可以继续通过稳健标准差来修正标准误差，并调用 rms 包中的 robcov 函数来进一步提高那些准确的显著性强的参数的显著性水平。

(10) 安装和导入 rms 包，调用 robcov 函数修正标准误差，代码如下：

```
> install.packages("rms")
> library(rms)
> olsfit=ols(log(wages)~age+sex+education, data=SLID, x=T, y=T)
> robcov(olsfit)
```

运行结果如下：

```
Frequencies of Missing Values Due to Each Variable
log(wages)         age        sex education
      3278           0          0       249

Linear Regression Model

 ols(formula = log(wages) ~ age + sex + education, data = SLID,
     x = T, y = T)


                 Model Likelihood      Discrimination
                   Ratio Test            Indexes
Obs     4014     LR chi2   1486.08    R2         0.309
sigma0.4187      d.f.            3    R2 adj     0.309
d.f.    4010     Pr(> chi2) 0.0000    g          0.315

Residuals

     Min       1Q    Median        3Q       Max
-2.36252 -0.27716  0.01428   0.28625   1.56588


          Coef    S.E.     t     Pr(>|t|)
Intercept 1.1169  0.0387  28.90  <0.0001
age       0.0176  0.0006  30.15  <0.0001
sex=Male  0.2244  0.0132  16.96  <0.0001
education 0.0552  0.0022  24.82  <0.0001
```

本章操作涉及的软件包、函数及数据集如表 2-1 所示。

表 2-1　软件包、函数和数据集表

car	软件包	提供 Quartet 数据集和 vif 函数
data()	命令	调用数据集
str()	函数	获取对象的内部结构
plot()	函数	绘图

car	软件包	提供 Quartet 数据集和 vif 函数
lm()	函数	构建线性回归模型
summary()	函数	获取对象的概要信息
predict()	函数	对模型进行预测
MASS	软件包	提供 rlm 函数
rlm	函数	构建稳健线性回归模型
SLID	数据集	car 软件包中样本数据集
vif()	函数	诊断多重共线性
lmtest	软件包	提供 bptest 函数
bptest()	函数	诊断回归模型的异方差性
rms	软件包	提供 robcov 函数
robcov()	函数	修正标准误差

习 题

1. R 语言包括一个名为 stackloss 的基础数据集，请加载该数据集，用 str()、head() 和 tail ()等函数探索该数据集，并得出每一个变量的均值、分位数、方差、标准差以及两两之间的协方差。

2. 画出 stackloss 数据集中各变量的直方图、盒图和散点图。

3. 使用帮助系统了解画图函数 pairs()的用法，对数据集的变量使用该函数画图。

4. 以 stackloss 数据集中的 stack.loss 为因变量，分别得出对其他三个自变量的线性回归模型。

5. 使用多元线性回归，得到 stackloss 中 stack.loss 对其他三个变量的多元线性回归模型。给定自变量的值，使用题 4 中简单线性回归模型和多元线性回归模型分别做出预测，计算各自的 95%置信区间。

6. 使用帮助系统查阅 anova ()函数的用法，使用该函数分析并比较在题 4 和题 5 中得到的模型的性能。

7. 在 ggplot2 包中有一个数据集 diamonds，执行下列代码探索数据集中的数据：

```
library ("ggplot2")
```

```
data (diamonds)
str (diamonds)
View (diamonds)
ggplot (diamonds, aes (x=price, y=carat)) + geom_point ()
ggplot (diamonds, aes (x= price, y= carat, color=clarity, size=cut)) + geom_point()
```

从可视化结果中可以得出什么结论？使用帮助系统了解函数 geom_smooth ()的用法。选择不同的 method 和 formula 参数实现平滑化，并分析所得到的结果。

8. 从相应网站下载森林火灾数据(forestfires)，加载数据并了解数据概要。用月份、温度、风和雨的数据设计出影响火灾区域(大小)的回归模型。

第 3 章　关 联 分 析

　　企业在日常业务处理过程中积累了大量的交易数据(如零售商的订单、发票以及运输文档)，在这些数据中隐藏着一些有用的关联信息，如"顾客经常一起采购的是哪些商品？""当顾客买了一部电话后还会再买什么？"等，接下来我们就以典型购物篮的购买行为实例来介绍关联分析的有关内容以解决以上问题。

　　关联分析是发现交易数据集内有趣联系的一种方法，"买尿布的顾客会再去买啤酒"就是商品间的非常著名的一种关联。尽管这种关联听起来有些不可思议，但如果零售商能够利用这类信息或者规则为顾客提供交叉销售的商品，则很有可能提高销售额。

　　关联分析被用于寻找项集之间的关系，但假如人们希望找到那些经常被一起购买的商品序列又该怎么办？为了完成这个任务，我们可以采用频繁序列模式挖掘来找到拥有序列信息的交易数据集中的频繁子序列，然后再利用挖掘到的子序列来预测顾客的购买行为序列、Web 单击流、生物序列以及其他应用。

　　本章将探讨的内容包括：生成和检查交易数据集、基于 Apriori 算法进行关联分析、采用多种图形展示关联分析结果以及使用 Eclat 算法挖掘频繁事项集，最后生成带时态信息的交易数据，并使用需要 cSPADE 方法来发现频繁序列模式。

3.1　关联分析的准备工作

3.1.1　将数据转换成事务数据

　　在挖掘频繁项集或者使用关联规则之前，准备好事务类型的数据集非常重要。接下来介绍如何将一个数据集从链表、矩阵、数据框转化为事务型数据集。

　　执行以下操作步骤，将不同格式的数据转化为事务数据。

　　(1) 安装和导入 arule 包：

> install.packages("arules")

> library(arules)

(2) 创建一个包含三个向量的链表，以存放购买记录，代码如下：

```
> tr_list=list(c("apple", "bread", "cake"), c("apple", "bread", "milk"), c("bread", "cake", "milk"))
> names(tr_list)=paste("tr", c(1:3), sep = "")
```

(3) 调用 as 函数，将链表转换成事务类型：

```
> trans=as(tr_list, "transactions")
> trans
```

运行结果如下：

```
transactions in sparse format with
 3 transactions (rows) and
 4 items (columns)
```

以上步骤展示了生成一个包含三个向量的链表数据集，存放顾客的购买记录并调用 as 函数给每次事务都加上一个 id 就完成了数据向事务类型的转换的过程。

(4) 为了表示商品的购买过程，用户使用二元关联矩阵来记录每次交易及购买的商品。调用 as 函数，将矩阵格式的数据转换成事务类型：

```
> tr_matrix=matrix(c(1, 1, 1, 0, 1, 1, 0, 1, 0, 1, 1, 1), ncol = 4)
> dimnames(tr_matrix)=list(paste("tr", c(1:3), sep = ""), c("apple", "bread", "cake", "milk"))
> trans2=as(tr_matrix, "transactions")
> trans2
```

运行结果如下：

```
transactions in sparse format with
 3 transactions (rows) and
 4 items (columns)
```

(5) 将数据框类型的数据集转换成事务型，代码如下：

```
>tr_df=data.frame(trid=as.factor(c(1, 2, 1, 1, 2, 3, 2, 3, 2, 3)), item=as.factor(c("apple", "milk",
            "cake", "bread", "cake", "milk", "apple", "cake", "bread", "bread")))
> trans3=as(split(tr_df[, "item"], tr_df[, "trid"]), "transactions")
> trans3
```

运行结果如下：

```
transactions in sparse format with
 3 transactions (rows) and
 4 items (columns)
```

数据框类型包括两个因子型向量，一个是名为 trid 的事务型 ID，另一个向量(名为 item)存储当前事务中购买的商品。转换过程同样也是通过调用 as 函数来完成的。

3.1.2 展示事务及其关联

R 的 arule 包使用自带的 transactions 类型来存储事务类型数据，因此，我们必须调用 arule 包提供的一般函数来展示事务及其关联。接下来将说明如何使用 arule 包提供的各种函数来展示事务及其关联。

交易数据是挖掘关联和频繁模式的基础，我们必须学会如何展示关联规则以便深入了解这些规则和判断规则的构成方式。arules 包提供了多种检查交易数据的方法，我们可以使用 LIST 函数展示数据，然后调用 summary 函数来获取包括基本属性描述、最频繁项集以及事务长度分布的信息。

在此我们使用一个内置的事务数据集 Groceries 来展示事务及其关联。执行以下操作来展示事务及其关联。

(1) 安装和导入 arule 包：

```
>install.packages("arules")
> library(arules)
```

(2) 获取数据集 Groceries：

```
> data("Groceries")
```

(3) 获取事务数据的 LIST 表示：

```
>LIST(Groceries)
```

运行结果如下：

```
[[998]]
[1] "ice cream"

[[999]]
[1] "pork"        "beef"        "ice cream"  "rolls/buns" "newspapers"

[[1000]]
 [1] "pork"                  "tropical fruit"      "other vegetables"
 [4] "yogurt"                "semi-finished bread" "flour"
 [7] "margarine"             "artif. sweetener"    "organic products"
[10] "chocolate marshmallow"
```

(4) 调用 summary 函数输出这些事务的统计及详细信息：

```
> summary(Groceries)
```

运行结果如下：

```
transactions as itemMatrix in sparse format with
 9835 rows (elements/itemsets/transactions) and
 169 columns (items) and a density of 0.02609146

most frequent items:
      whole milk other vegetables        rolls/buns          soda        yogurt
            2513               1903              1809          1715          1372
         (other)
           34055

element (itemset/transaction) length distribution:
sizes
   1    2    3    4    5    6    7    8    9   10   11   12   13   14   15   16   17
2159 1643 1299 1005  855  645  545  438  350  246  182  117   78   77   55   46   29
  18   19   20   21   22   23   24   26   27   28   29   32
  14   14    9   11    4    6    1    1    1    1    3    1

   Min. 1st Qu.  Median    Mean 3rd Qu.    Max.
  1.000   2.000   3.000   4.409   6.000  32.000

includes extended item information - examples:
        labels   level2          level1
1 frankfurter  sausage meat and sausage
2    sausage   sausage meat and sausage
3 liver loaf   sausage meat and sausage
```

从以上结果可以看出，获取数据后，我们看到 Groceries 的信息，它共包含 9835 条交易(transactions)以及 169 个项(items)，也就是我们通常说的商品。其中全脂牛奶(whole milk)是最受欢迎的商品，之后依次为蔬菜(other vegetables)和面包卷(rolls/buns)等。

(5) 调用 inspect 函数展示前 10 条交易信息：

> inspect(Groceries[1:10])

运行结果如下：

```
      items
[1]  {citrus fruit,
      semi-finished bread,
      margarine,
      ready soups}
[2]  {tropical fruit,
      yogurt,
      coffee}
[3]  {whole milk}
[4]  {pip fruit,
      yogurt,
      cream cheese ,
      meat spreads}
[5]  {other vegetables,
      whole milk,
      condensed milk,
      long life bakery product}
[6]  {whole milk,
      butter,
      yogurt,
      rice,
      abrasive cleaner}
[7]  {rolls/buns}
[8]  {other vegetables,
      UHT-milk,
      rolls/buns,
      bottled beer,
      liquor (appetizer)}
[9]  {pot plants}
[10] {whole milk,
      cereals}
```

以上我们调用了 inspect 函数来显示这些交易数据，其中每一条数据代表一位消费者购物篮中的商品类别，如第一位消费者购买了柑橘(citrus fruit)、半成品面包(semi_finished bread)、黄油(margarine)和即食汤(ready soups)四种食物。

(6) 调用 itemFrequentPlot 函数绘制频繁度/支持度条形图来显示各项集之间的相关项集频度，代码如下：

> itemFrequencyPlot(Groceries, support=0.1)

运行结果如图 3-1 所示。

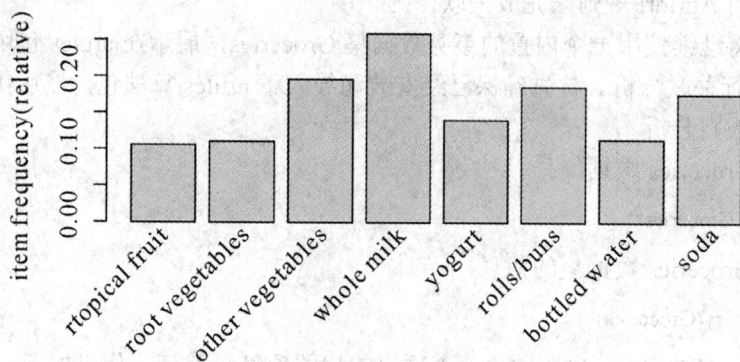

图 3-1　最频繁前 10 项商品图

3.2　Apriori 规则

3.2.1　使用 Apriori 规则完成关联挖掘

关联规则挖掘的目的是找到事务数据库中项集间的关联。典型的关联规则挖掘的过程包括找到大于最小支持度的项集，然后基于频繁项集生成置信度大于最小置信度的强规则(例如 milk=>bread，顾客购买了牛奶后很可能再购买面包)。一个关联规则可以形成定义 X=>Y，其中 X 和 Y 都是无关项集。我们可以通过支持度和置信度两个值来评估规则的强弱。支持度表示一个规则在某一个数据集中出现的频率，而置信度代表项集 X 和 Y 同时出现在一个事务中的概率。

由于支持度和置信度仅对判断规则强弱有效，而有时候一些高支持度和高置信度的规则可能是冗余的，因此，我们用第三个指标——提升度来评估规则的质量(级别)，提升度代表项集 X 和 Y 间随机共线关系上的规则强度。

Apriori 是广为人知的关联规则挖掘算法，它依靠逐层的广度优先策略生成候选项集，首先逐层找到所有的频繁项集(项集支持度大于给定值)，例如先找到 1-频繁项集，然后基于 1-频繁项集找到 2-频繁项集，依次递归，基于 k-频繁项集生成新的 k+1 频繁项集，直至找不到新的频繁项集为止。

关联挖掘常用于发现隐藏在事务数据集间的一些有意义的关联，Apriori 算法找出所有频繁项集后从这些频繁项集中生成强规则，再找到频繁个体项集，然后通过广度优先搜索策略生成更大的频繁项集，直至算法最后再也找不到新的频繁项集而结束。接下来将展示如何使用 Apriori 规则来完成关联挖掘。

在此我们将继续使用一个内置的事务数据集 Groceries，展示在 arules 包中如何使用 Apriori 算法进行关联分析。首先确保已经安装和导入了 arules 算法包，然后执行以下操作，完成关联规则分析。

(1) 导入 Groceries 数据集：

> data("Groceries")

(2) 检查 Groceries 数据集的信息：

> summary(Groceries)

(3) 调用 itemFrequencyPlot 函数检查项集的相关项集频繁度，代码如下：

> itemFrequencyPlot(Groceries, support=0.1, cex.names=0.8, topN=5)

运行结果如图 3-2 所示。

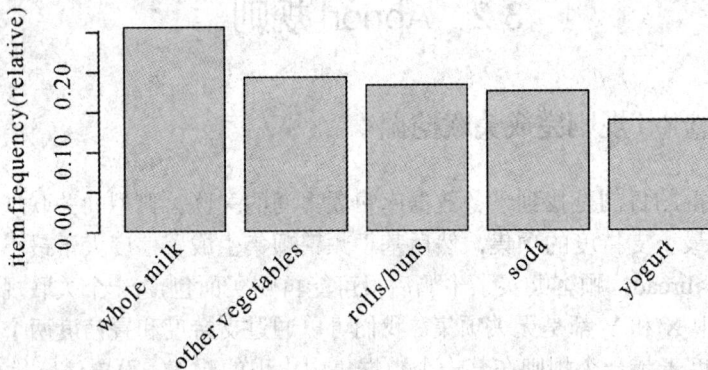

图 3-2　Groceries 数据集中频繁度排名前五的项集的条形图

(4) 使用 apriori 函数找到支持度超过 0.001、置信度在 0.5 以上的关联规则，代码如下：

> rules=apriori(Groceries, parameter = list(supp=0.001, conf=0.5, target="rules"))

> summary(rules

运行结果如下：

```
set of 5668 rules

rule length distribution (lhs + rhs):sizes
   2    3    4    5    6
  11 1461 3211  939   46

    Min. 1st Qu.  Median   Mean 3rd Qu.    Max.
    2.00    3.00    4.00   3.92    4.00    6.00

summary of quality measures:
   support              confidence          lift                count
 Min.   :0.001017   Min.   :0.5000    Min.   : 1.957    Min.   : 10.0
 1st Qu.:0.001118   1st Qu.:0.5455    1st Qu.: 2.464    1st Qu.: 11.0
 Median :0.001322   Median :0.6000    Median : 2.899    Median : 13.0
 Mean   :0.001668   Mean   :0.6250    Mean   : 3.262    Mean   : 16.4
 3rd Qu.:0.001729   3rd Qu.:0.6842    3rd Qu.: 3.691    3rd Qu.: 17.0
 Max.   :0.022267   Max.   :1.0000    Max.   :18.996    Max.   : 219.0

mining info:
      data ntransactions support confidence
 Groceries          9835    0.001        0.5
```

借助 Apriori 算法找到了交易中的关联规则，我们使用的是内置的 Groceries 数据集，该数据集包含了现实世界中一个典型的食品杂货店一个月的交易数据。我们用 Apriori 算法获得了 5668 个符合条件的规则。我们还可以进一步获得有关规则长度的分布情况、质量评估信息、挖掘结果等。从质量评估结果可以得到三类指标值，分别是支持度、置信度和提升度。其中，支持度代表了特定项集在事务数据库中所占比例，置信度是规则的正确度，而提升度是响应目标关联规则与平均响应的比值。

(5) 查看前面的一部分规则：

> inspect(head(rules))

运行结果如下：

```
    lhs                    rhs            support     confidence lift     count
[1] {honey}             => {whole milk}   0.001118454 0.7333333  2.870009 11
[2] {tidbits}           => {rolls/buns}   0.001220132 0.5217391  2.836542 12
[3] {cocoa drinks}      => {whole milk}   0.001321810 0.5909091  2.312611 13
[4] {pudding powder}    => {whole milk}   0.001321810 0.5652174  2.212062 13
[5] {cooking chocolate} => {whole milk}   0.001321810 0.5200000  2.035097 13
[6] {cereals}           => {whole milk}   0.003660397 0.6428571  2.515917 36
```

(6) 根据置信度规则排序并查看前面的部分规则，代码如下：

> rules=sort(rules, by="confidence", decreasing = T)

> inspect(head(rules))

运行结果如下：

```
        lhs                      rhs                  support confidence    lift count
[1] {rice,
     sugar}              => {whole milk}       0.001220132         1 3.913649    12
[2] {canned fish,
     hygiene articles}   => {whole milk}       0.001118454         1 3.913649    11
[3] {root vegetables,
     butter,
     rice}               => {whole milk}       0.001016777         1 3.913649    10
[4] {root vegetables,
     whipped/sour cream,
     flour}              => {whole milk}       0.001728521         1 3.913649    17
[5] {butter,
     soft cheese,
     domestic eggs}      => {whole milk}       0.001016777         1 3.913649    10
[6] {citrus fruit,
     root vegetables,
     soft cheese}        => {other vegetables} 0.001016777         1 5.168156    10
```

步骤(5)、(6)展示了可以使用 inspect 函数来查看部分规则，如 5668 个规则中的前 6 个规则。我们还可以对这些规则依据置信度进行大小排序，并将置信度最高的那些规则列表显示出来。从以上结果可以看出，糖和全脂牛奶关联性最强，支持度为 0.001220132，置信度为 1，提升度则达到了 3.913694。

3.2.2　去掉冗余规则

关联规则挖掘的主要限制是在支持度和置信度之间该如何选择。例如，如果用户设置一个高支持度阈值，可能就会去掉那些支持度低但置信度高的规则；另外，如果用户选择阈值较低的支持度，就会导致挖掘结果中包含太多的冗余规则，使得用户难以利用分析得到的结果。因此，我们需要去掉其中的冗余规则，发掘出这些规则中真正有意义的信息。

要去掉冗余规则，首先应找到冗余的规则。我们可以先基于提升度对规则排序，再调用 is.subset 函数找到已排序规则的子集，is.subset 函数会产生一个 itemMatrix 对象。可以将下三角矩阵设置为 NA，然后计算矩阵的 colSums 值，如果该值大于等于 1，则意味着该指定规则是冗余的。当我们找到这些冗余规则后，就可以从已排序的规则中去掉它们。最后，再调用 inspect 函数验证这些冗余规则。

首先我们应准备好相应的规则集并存放在 rules 变量中，然后执行以下操作以去掉冗余的规则。

(1) 找到冗余规则，代码如下：

```
> rules.sorted=sort(rules, by="lift")

> subset.matrix=is.subset(rules.sorted, rules.sorted)

> subset.matrix[lower.tri(subset.matrix, diag=T)]=NA

> redundant=colSums(subset.matrix, na.rm = T)>=1
```

(2) 去掉冗余规则，代码如下：

```
> rules.pruned=rules.sorted[!redundant]
> inspect(head(rules.pruned))
set of 0 rules
```

3.3　关联规则可视化

除了可以以文本形式展示关联规则外，我们还可以对规则进行可视化，以便更轻松地发现项集间的关联。接下来，我们将介绍如何使用 arulesViz 包实现关联规则的可视化。

在此，我们将用购物篮数据集 tr 作为输入数据源。执行以下操作，完成关联规则可视化。

(1) 安装和导入 arulesViz 包：

```
> install.packages("arulesViz")
> library(rulesviz)
```

(2) 读入数据集 tr 并查看概要：

```
> library(arules)
> tr = read.transactions(请在人邮教育社区下载, format="basket")
> summary(tr)
```

运行结果如下：

```
transactions as itemMatrix in sparse format with
 88162 rows (elements/itemsets/transactions) and
 16470 columns (items) and a density of 0.0006257289

most frequent items:
      39        48        38        32        41   (Other)
   50675     42135     15596     15167     14945    770058

element (itemset/transaction) length distribution:
sizes
    1     2     3     4     5     6     7     8     9    10    11    12    13    14    15    16
 3016  5516  6919  7210  6814  6163  5746  5143  4660  4086  3751  3285  2866  2620  2310  2115
   17    18    19    20    21    22    23    24    25    26    27    28    29    30    31    32
 1874  1645  1469  1290  1205   981   887   819   684   586   582   472   480   355   310   303
   33    34    35    36    37    38    39    40    41    42    43    44    45    46    47    48
  272   234   194   136   153   123   115   112    76    66    71    60    50    44    37    37
   49    50    51    52    53    54    55    56    57    58    59    60    61    62    63    64
   33    22    24    21    10    11    10     9    11     4     9     7     4     5     2
   65    66    67    68    71    73    74    76
    2     5     3     3     1     1     1     1

   Min. 1st Qu.  Median    Mean 3rd Qu.    Max.
   1.00    4.00    8.00   10.31   14.00   76.00

includes extended item information - examples:
   labels
1       0
2       1
3      10
```

(3) 查看最频繁的项目，代码如下：

```
> itemFrequencyPlot(tr, support=0.1)
```

运行结果如图 3-3 所示。

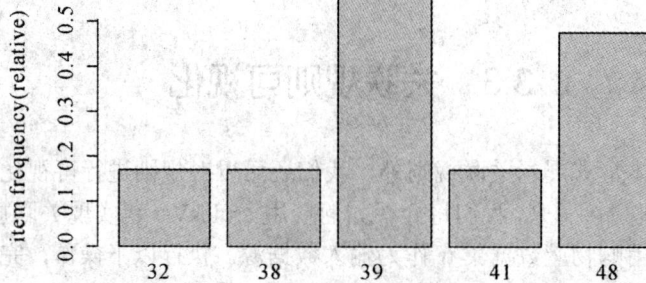

图 3-3　最频繁项目列表

(4) 使用 apriori 函数找到支持度超过 0.5、置信度在 0.5 以上的关联规则，代码如下：

```
> rules=apriori(tr, parameter=list(supp=0.5, conf=0.5))
> rules
set of 1 rules
> inspect(rules)
      lhs    rhs    support   confidence   lift    count
[1] {}  => {39} 0.5747941 0.5747941    1      50675
```

(5) 绘制规则的散点图，代码如下：

```
> library(arulesViz)
> plot(rules)
```

运行结果如图 3-4 所示。

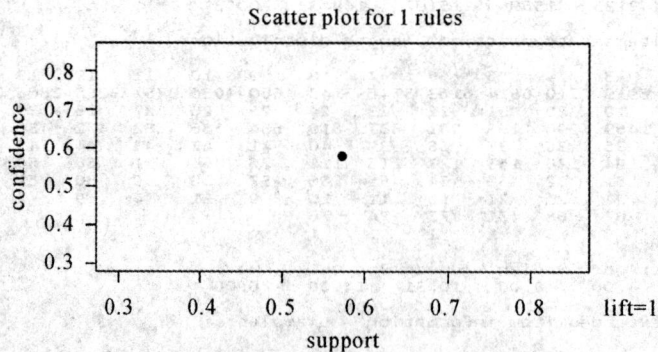

图 3-4　规则的散点图

以上步骤展示了寻找食品超市中典型购物篮内购买的项目之间的关联的过程。首先下载事务型数据，即比利时杂货店数据，然后调用 summary 函数查看共有 88 162 个购物篮，对应 16 470 个项目；通过调用 itemFrequen 函数知道 39 组合很受欢迎，该项目有 50 675 个。从步骤(3)可知，除了 39 组合受欢迎外，还有一些频繁项目。接下来，我们使用 apriori 函数找到支持度超过 0.5、置信度在 0.5 以上的关联规则，并使用 inspect 函数查看规则，正如我们猜想的一样，大多数人将项目 39 放入购物篮中。

3.4 Eclat 挖掘

3.4.1 使用 Eclat 挖掘频繁项集

尽管 Apriori 算法非常直接也易于理解，但算法的缺点是要多遍扫描数据框因而会产生大量候选项集，支持度的计算也很耗时。与 Apriori 相比，Eclat 算法则采用了等价类、深度优先遍历、求交集等策略，支持度计算效率有很大改善。

Apriori 算法使用水平数据结构来存放事务，Eclat 则使用垂直数据结构来存放每个事务的 ID(tid)列表，在计算 K+1 项集的支持度时，Eclat 算法只需要计算两个 K 项集的 tid 表的交集即可。Eclat 算法也可从频繁项集中生成关联规则(见图 3-5)。

Horizontal Data Layou						Vertical Data Layout				
TID	Items					A	B	C	D	E
100	A	C	D			100	200	100	100	200
200	B	C	E			300	300	200		300
300	A	B	C	E			400	300		400
400	B	E				TID ---List				

图 3-5 Eclat 算法图示说明

接下来就介绍如何使用 Eclat 算法来生成频繁项集。在此我们继续将 Groceries 数据集作为输入数据源。执行以下操作，使用 Eclat 算法挖掘频繁项集。

(1) 与 Apriori 算法类似，我们可以调用 eclat 函数生成频繁项集，代码如下：

```
> frequentsets=eclat(Groceries, parameter = list(support=0.05, maxlen=10))
```

运行结果如下：

```
Eclat

parameter specification:
 tidLists support minlen maxlen                 target    ext
    FALSE    0.05      1        10 frequent itemsets FALSE

algorithmic control:
 sparse sort verbose
     7    -2    TRUE

Absolute minimum support count: 491

create itemset ...
set transactions ...[169 item(s), 9835 transaction(s)] done [0.00s].
sorting and recoding items ... [28 item(s)] done [0.00s].
creating sparse bit matrix ... [28 row(s), 9835 column(s)] done [0.00s].
writing  ... [31 set(s)] done [0.02s].
Creating S4 object  ... done [0.00s].
```

(2) 调用 summary 函数输出频繁项集的信息：

> summary(frequentsets)

运行结果如下：

```
set of 31 itemsets

most frequent items:
      whole milk other vegetables          yogurt      rolls/buns      frankfurter
            4               2                 2               2                1
      (Other)
           23

element (itemset/transaction) length distribution:sizes
 1  2
28  3

    Min. 1st Qu.  Median   Mean 3rd Qu.    Max.
   1.000   1.000   1.000  1.097   1.000   2.000

summary of quality measures:
   support            count
 Min.   :0.05236   Min.   : 515.0
 1st Qu.:0.05831   1st Qu.: 573.5
 Median :0.07565   Median : 744.0
 Mean   :0.09212   Mean   : 906.0
 3rd Qu.:0.10173   3rd Qu.:1000.5
 Max.   :0.25552   Max.   :2513.0

includes transaction ID lists: FALSE

mining info:
      data ntransactions support
 Groceries         9835    0.05
```

(3) 输出最频繁的 10 个项集，代码如下：

> inspect(sort(frequentsets, by="support")[1:10])

运行结果如下：

```
       items                  support      count
[1]    {whole milk}           0.25551601   2513
[2]    {other vegetables}     0.19349263   1903
[3]    {rolls/buns}           0.18393493   1809
[4]    {soda}                 0.17437722   1715
[5]    {yogurt}               0.13950178   1372
[6]    {bottled water}        0.11052364   1087
[7]    {root vegetables}      0.10899847   1072
[8]    {tropical fruit}       0.10493137   1032
[9]    {shopping bags}        0.09852567    969
[10]   {sausage}              0.09395018    924
```

3.4.2 生成时态事务数据

与使用 Apriori 算法类似，我们也可以调用 eclat 函数生成给定支持度(假定样例中支持度为 2)下的频繁项集以及最大项集长度(见图 3-6)。然后使用 summary 函数获得这些统计信息，包括最频繁项集、项集长度分布、质量评估信息和挖掘信息等。最后，可以根据支持度对频繁项集排序，找到最频繁的 10 个项集。

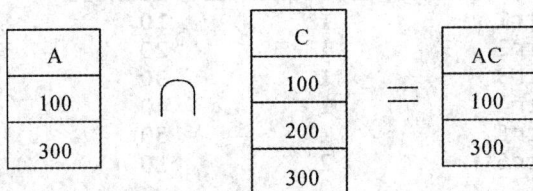

图 3-6 生成频繁项集

除了在事务数据库中挖掘感兴趣的关联规则，我们还可以对带有时态信息的事务数据进行有意义的序列模式挖掘。接下来就探讨如何生成带有时态信息的事务数据，并将其作为频繁序列模式挖掘的输入数据源。

执行以下操作，生成时态事务数据。

(1) 安装和导入 arulesSequences 包：

> install.packages("arulesSequences")

> library(arulesSequences)

(2) 生成购买记录的列表：

>tmp_data = list(c("a"), c("a", "b", "c"), c("a", "c"), c("d"), c("c", "f"), c("a", "d"), c("c"),
           c("b", "c"), c("a", "e"), c("e", "f"), c("a", "b"), c("d", "f"), c("c"), c("b"),
           c("e"), c("g"), c("a", "f"), c("c"), c("b"), c("c"))

(3) 将列表转换成事务数据，添加时态信息：

```
> names(tmp_data)=paste("tr", c(1:20), sep = "")
> trans=as(tmp_data, "transactions")
> transactionInfo(trans)$sequenceID = c(1, 1, 1, 1, 1, 2, 2, 2, 2, 3, 3, 3, 3, 3, 4, 4, 4, 4, 4, 4)
> transactionInfo(trans)$eventID = c(10, 20, 30, 40, 50, 10, 20, 30, 40, 10, 20, 30, 40, 50, 10,
                                      20, 30, 40, 50, 60)
> trans
```

运行结果如下：

```
transactions in sparse format with
 20 transactions (rows) and
 7 items (columns)
```

(4) 调用 inspect 函数检查这些事务数据：

```
> inspect(head(trans))
```

运行结果如下：

```
        items    transactionID sequenceID eventID
[1] {a}          tr1            1          10
[2] {a,b,c}      tr2            1          20
[3] {a,c}        tr3            1          30
[4] {d}          tr4            1          40
[5] {c,f}        tr5            1          50
[6] {a,d}        tr6            2          10
```

(5) 输出这些时态事务数据的信息：

```
> summary(trans)
```

运行结果如下：

```
transactions as itemMatrix in sparse format with
 20 rows (elements/itemsets/transactions) and
 7 columns (items) and a density of 0.2214286

most frequent items:
    c         a         b         f         d (Other)
    8         7         5         4         3       4

element (itemset/transaction) length distribution:
sizes
 1  2  3
10  9  1

   Min. 1st Qu.  Median   Mean 3rd Qu.    Max.
   1.00    1.00    1.50   1.55    2.00    3.00
```

```
includes extended item information - examples:
  labels
1     a
2     b
3     c

includes extended transaction information - examples:
  transactionID sequenceID eventID
1         tr1           1      10
2         tr2           1      20
3         tr3           1      30
```

(6) 将交易数据以购物篮形式读入：

> zaki=read_baskets(con = system.file("misc", "zaki.txt", package = "arulesSequences"),

info = c("sequenceID", "eventID", "SIZE"))

> as(zaki, "data.frame")

运行结果如下：

```
        items sequenceID eventID SIZE
1      {C,D}           1      10    2
2    {A,B,C}           1      15    3
3    {A,B,F}           1      20    3
4  {A,C,D,F}           1      25    4
5    {A,B,F}           2      15    3
6        {E}           2      20    1
7    {A,B,F}           3      10    3
8    {D,G,H}           4      10    3
9      {B,F}           4      20    2
10   {A,G,H}           4      25    3
```

以上我们介绍了两种生成时态交易数据的方法。首先，创建了一个事务列表，然后为每次交易都设置一个事务 ID，再调用 as 函数将列表中的数据转换成事务数据集，再通过添加 eventID 和 sequenceID 两个属性来完成时态信息。其中，sequenceID 用来指明事件所属序列，而 eventID 则用来表明事件发生的时间。当生成时态事务数据后，就可以利用这一数据来实施频繁序列模式挖掘。

除了生成时态事务数据外，如果已经提前将数据存放在某个文本文件中，也可以调用 srulesSequences 包中的 read_basket 函数将这些事务数据以一篮子形式读入内存中，为进一步开展频繁序列模式挖掘做准备。

3.5   使用 cSPADE 挖掘频繁时序模式

序列模式挖掘目的在于找到事务数据中隐含的序列关系或者模式，我们可以利用挖掘的结果预测未来可能发生的事件或向用户推荐一些商品项。

序列模式挖掘常用方法是使用 SPADE 算法,该算法是时间序列频繁模式挖掘中的一种,使用垂直数据结构存放 ID 列表,数据库中每个输入序列都拥有一个 SID 值,而事件则拥有各自的 EID 值。SPADE 算法采用 Apriori 算法生成候选项集的思想,同时对 ID 表求交集,从(n-1)序列生成 n 序列的子集。如果某序列的出现次数大于给定的最小支持度,则认为其足够频繁,当算法再也找不到新的序列时结束挖掘。SPADE 算法过程如图 3-7 所示。

Database			Frequent Sequences(minsup=2)			
EID	Items		Frequent1- Sequences		Frequent3- Sequences	
100	C D		A	4	ABF	3
150	A B C		B	4	BF->A	2
200	A B F		D	2	D->BF	2
250	A C D F		F	4	D->B->A	2
150	A B F		Frequent2-Sequences		A->F->A	2
200	E		AB	3	Frequent4- Sequences	
100	A B F		AF	3	D->BF->A	2
100	D G H		B->A	2		
200	B F		BF	4		
250	A G H		D->A	2		
			D->B	2		
			D->F	2		

图 3-7   SPADE 算法过程图示

除了关联挖掘关注项集间的联系,我们也可能对顺序发生的时态事务数据中隐含的模式感兴趣。等价类序列模式挖掘算法(Sequential Pattern Discovery using Equivalence classes,SPADE)是广为人知的一种频繁序列模式挖掘算法,算法利用垂直数据库的特性,通过求 ID 表的交集以及有效的搜索策略完成频繁序列模式的挖掘,同时还支持对挖掘到的序列添加约束。接下来就探讨如何使用 cSPADE 包来挖掘频繁序列模式。

在此我们需将准备好的时态事务数据存放在 trans 序列中,然后执行以下操作完成频繁序列模式挖掘。

(1) 调用 cspade 函数完成频繁序列模式:

> library(arulesSequences)

> s_result=cspade(trans, parameter = list(support=0.75))

(2) 输出频繁序列模式的统计信息:

> summary(s_result)

运行结果如下:

```
set of 14 sequences with

most frequent items:
        c         a         b         d         e (Other)
        8         5         5         2         1       1

most frequent elements:
      {c}       {a}       {b}       {d}       {e} (Other)
        8         5         5         2         1       1

element (sequence) size distribution:
sizes
1 2 3
6 6 2

sequence length distribution:
lengths
1 2 3
6 6 2

summary of quality measures:
      support
 Min.    :0.7500
 1st Qu. :0.7500
 Median :0.7500
 Mean    :0.8393
 3rd Qu. :1.0000
 Max.    :1.0000

includes transaction ID lists: FALSE

mining info:
  data ntransactions nsequences support
  trans           20           4    0.75
```

(3) 将生成的序列从数据备份中改为数据框格式存放：

> as(s_result, "data.frame")

运行结果如下：

```
            sequence support
1            <{a}>    1.00
2            <{b}>    1.00
3            <{c}>    1.00
4            <{d}>    0.75
5            <{e}>    0.75
6            <{f}>    0.75
7        <{a},{c}>    1.00
8        <{b},{c}>    0.75
9        <{c},{c}>    0.75
10       <{d},{c}>    0.75
11   <{a},{c},{c}>    0.75
12       <{a},{b}>    1.00
13       <{c},{b}>    0.75
14   <{a},{c},{b}>    0.75
```

以上步骤解释了如何使用频繁序列模式挖掘算法 SPADE 来挖掘频繁序列模式的过

程。首先加载时态序列交易数据集变量 trans，将支持度设定为 0.75，再调用 cspade 函数得到 sequence 格式的频繁序列模式。然后输出结果，包括最大频繁项、序列大小分布、质量评估信息和挖掘信息等。最后，我们还将得到的 sequence 类型数据存回数据框架类型，这样我们就能够检查那些支持度大于 0.75 的频繁序列的相关信息了。

习　　题

使用 Adult(成年人数据集)完成以下练习：

(1) Adult 成年人数据集包括人口统计局数据中约 50 000 行数据，使用 eclat 找到成年人行为的相似点。

(2) 查找数据集中的频繁项目。

(3) 将范围缩减到数据集中出现的最高频率。

第4章 聚 类 分 析

俗话说"物以类聚，人以群分"，在现实世界中存在大量的分类问题。聚类分析是研究分类问题的一种很好的方法，它广泛应用于生物学、经济学、人口学、生态学等领域，而且聚类分析在商务领域的应用非常广泛，如市场部门可以用聚类算法根据个人属性划分客户，再针对不同类型客户分别制订广告营销活动等。

聚类分析的目的是把分类对象按一定规则分成若干类，这些类不是事先给定的，而是根据数据的特点确定的，对类的数目和类的结果不必做任何假定。在同一类里的这些对象在某种意义上倾向于彼此相似，而在不同类里的对象倾向于不相似。

层次聚类、k 均值聚类、基于模型的聚类以及基于密度的聚类是目前四种应用最为广泛的聚类分析算法。接下来就以客户购买能力分析为实例来探讨如何使用这四种方法来构建数据簇，并采用基于簇间距离平方和与平均侧影宽度进行聚类内部验证，通过Ground truth 方法完成聚类的外部验证。

4.1 层 次 聚 类

4.1.1 使用层次聚类处理数据

层次聚类是一种通过迭代来尝试建立层次聚类的方法，可以分成凝聚(agglomerative，自底向上)和分裂(divisive，自顶向下)两种方法来构建聚类层次。但不管采用哪种方法，算法都需要首先通过距离相似性度量来判断究竟是采取凝聚还是分裂处理。

● 凝聚层次聚类：是一种自底向上的聚类算法。算法开始时，每个观测样例都被划分在单独的簇中，算法计算得出每个簇之间的相似度(距离)，并将两个相似度最高的簇合并成一个簇，然后反复迭代，直到所有的数据都被划分在某一个簇中。

● 分裂层次聚类：是一种自顶向下的聚类算法。算法开始时，每个观测样本都被划分在同一个簇中，然后算法开始将簇分裂成两个相异度最大的小簇，并反复迭代，直到每个观测值属于单独的一个簇。

在执行层次聚类操作之前，我们需要确定两个簇之间的相似度到底有多大，通常会用到以下一些距离计算方法：

● 最短距离法(single linkage)：计算每个簇中两点的最短距离；
● 最长距离法(complete linkage)：计算每个簇中两点之间的最长距离；
● 平均距离法(average linkage)：计算每个簇中两点之间的平均距离；
● 最小方差法(ward)：计算簇中每个点到合并后的簇中心的距离差的平方和。

整个算法的递归过程一直持续到全部数据点都归并到一个簇中或再也无法对簇进行分裂处理时终止，最后可以使用系统树图来展示聚类的层次结构。接下来我们将对客户数据集进行层次聚类分析，将客户数据集分成不同的组。在 Github 主页上下载样例数据集，然后执行以下操作，得到客户数据集的聚类树。

(1) 把 customer 文件导入 R 中，存入 customer 变量，代码如下：

```
> customer=read.csv('customer.csv', header = T)

> head(customer)
```

运行结果如下。

```
  ID Visit.Time Average.Expense Sex Age
1  1          3             5.7   0  10
2  2          5            14.5   0  27
3  3         16            33.5   0  32
4  4          5            15.9   0  30
5  5         16            24.9   0  23
6  6          3            12.0   0  15
```

可以看出数据集包括 5 个变量来描述客户账户信息，分别是客户 ID、客户访问次数、平均开销、客户性别和年龄。

(2) 检查数据集结构：

```
> str(customer)
```

运行结果如下：

```
'data.frame':   60 obs. of  5 variables:
 $ ID             : int  1 2 3 4 5 6 7 8 9 10 ...
 $ Visit.Time     : int  3 5 16 5 16 3 12 14 6 3 ...
 $ Average.Expense: num  5.7 14.5 33.5 15.9 24.9 12 28.5 18.8 23.8 5.3 ...
 $ Sex            : int  0 0 0 0 0 0 0 0 0 0 ...
 $ Age            : int  10 27 32 30 23 15 33 27 16 11 ...
```

(3) 由于属性类别之间的差别，用 scale 函数来对客户数据进行归一化处理，代码如下：

```
> customer=scale(customer[, -1])
```

(4) 使用自底向上的聚类方法处理数据集：

```
> hc=hclust(dist(customer, method="euclidean"), method="ward.D2")

> hc
```

运行结果如下：

```
call:
hclust(d = dist(customer, method = "euclidean"), method = "ward.D2")

Cluster method   : ward.D2
Distance         : euclidean
Number of objects: 60
```

(5) 调用 plot 函数绘制聚类树图，代码如下：

```
> plot(hc, hang = -0.01, cex=0.7)
```

运行结果如图 4-1 所示：

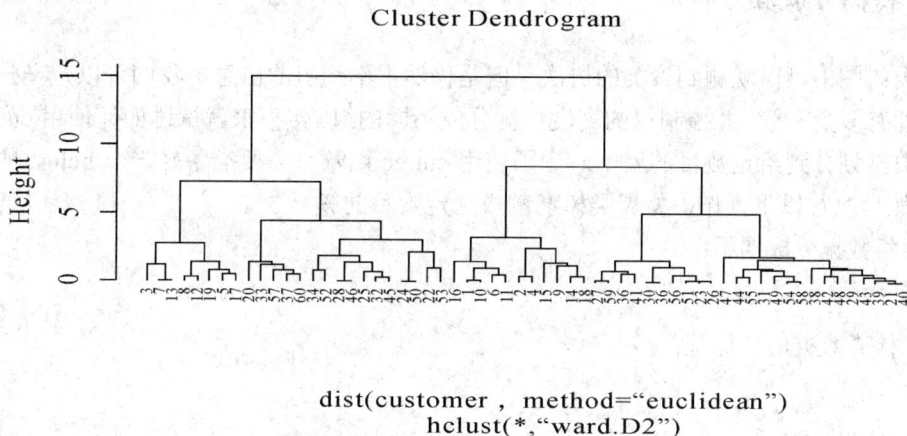

图 4-1　使用离差平方法和(ward.D2)绘制聚类树图

调用 plot 函数绘制聚类树图时，样例的 hang 值小于 0，因此聚类树从底部显示标签，并使用 cex 将坐标轴的标签字体缩小为正常值的 0.7。

(6) 另外还可以使用最短距离法(single linkage)来生成层次聚类并比较以下两者生成的聚类树图的差异，代码如下：

```
> hc2=hclust(dist(customer), method="single")

> plot(hc2, hang = 0.01, cex=0.7)
```

运行结果如图 4-2 所示。

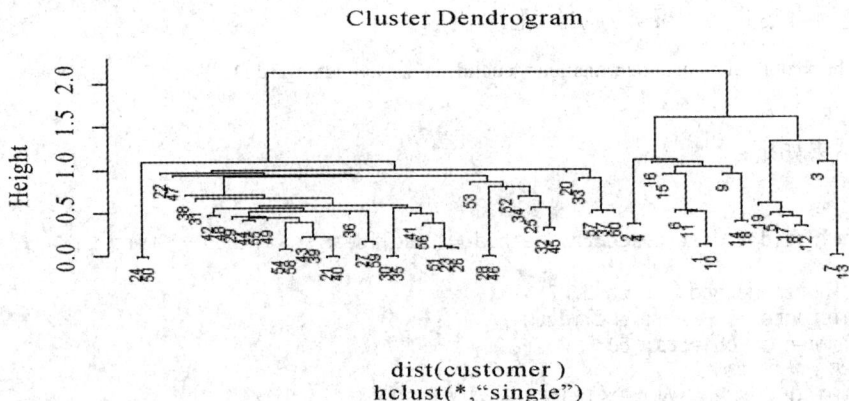

图 4-2　使用最短距离法(single linkage)绘制聚类树图

4.1.2　将树分成簇

聚类树图中可以观测到聚类的层次，但是仍然得不到组的信息。我们可以定义一个簇树图拥有多少个簇，并控制树的高度将树分成不同的组。接下来就探讨如何使用 cutree 函数将数据划分到给定数目的簇中。为了使用 cutree 函数，需要准备好一个 hclust 的对象 hc，然后执行以下操作，将聚类树切割成给定数目的簇。

(1) 将数据分成四组：

```
> fit=cutree(hc, k=4)
```

(2) 检查数据的簇标签：

```
> fit
```

运行结果如下：

```
 [1] 1 1 2 1 2 1 2 2 1 1 1 2 2 1 1 1 2 1 2 3 4 3 4 3 3 4 3 4 4 4 3 3 3 4 4 3 4 4 4
[41] 4 4 4 3 3 4 4 4 3 4 3 3 4 4 4 3 4 4 3
```

(3) 统计每个簇中对象数目：

```
> table(fit)
```

运行结果如下：

```
fit
 1  2  3  4
11  8 16 25
```

(4) 使用红色矩形框可视化数据的簇，代码如下：

> plot(hc)

> rect.hclust(hc, k=4, border = "red")

运行结果如图 4-3 所示。

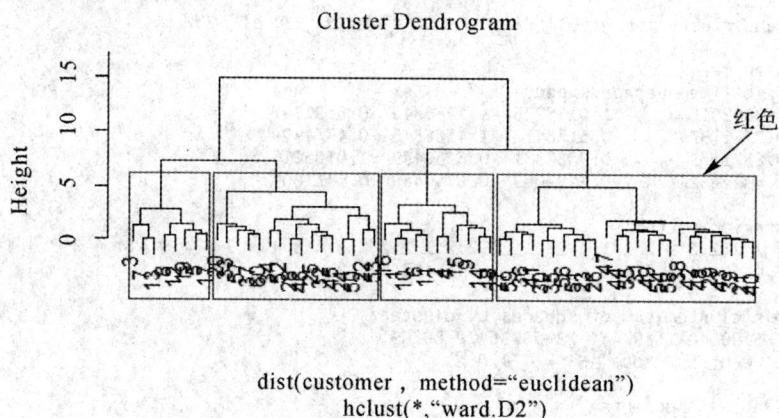

图 4-3　使用红色矩形框区别聚类树中不同的簇

以上过程中我们将 cutree 函数中簇个数指定为 4，除了这种方法外，我们还可以通过设置 height 参数的值来指定聚类树的高度，从而达到切割聚类树的目的。

接着，输出了簇中数据的标签，并调用 table 函数统计每个簇中对象的数目。从输出结果可知，样例中对象数目最多的是簇 4，最后调用 rect.hclust 函数在聚类树上增加红色矩形框对不同簇进行界定。

4.2　k 均值聚类

4.2.1　使用 k 均值方法处理数据

k 均值聚类属于扁平聚类算法，即进行一层划分得到 k 个簇，与层次聚类算法开始不需要决定簇数不同，k 均值算法需要用户事先确定好簇个数，因为构建一棵聚类树是非常耗时的事情，所以 k 均值聚类算法的效率要优于层次聚类的。接下来就探讨如何使用 k 均值聚类完成 customer 数据集的分析，操作步骤如下所示。

(1) 使用 kmeans 方法聚类 customer 数据集：

> View(customer)

```
> set.seed(22)
> fit=kmeans(customer, 4)
> fit
```

运行结果如下：

```
K-means clustering with 4 clusters of sizes 8, 11, 16, 25

Cluster means:
  Visit.Time Average.Expense        Sex        Age
1  1.3302016       1.0155226  -1.4566845  0.5591307
2 -0.7771737      -0.5178412  -1.4566845 -0.4774599
3  0.8571173       0.9887331   0.6750489  1.0505015
4 -0.6322632      -0.7299063   0.6750489 -0.6411604

Clustering vector:
 [1] 2 2 1 2 1 2 1 1 2 2 2 1 1 2 2 2 2 1 2 1 3 4 3 4 3 3 3 4 4 3 4 4 4 3 3 3 3 4 4 3 4 4 4
[41] 4 4 4 4 3 3 4 4 4 3 4 3 3 4 4 4 3 4 4 3

within cluster sum of squares by cluster:
[1]  5.90040 11.97454 22.58236 20.89159
 (between_SS / total_SS =  74.0 %)

Available components:

[1] "cluster"     "centers"     "totss"       "withinss"    "tot.withinss"
[6] "betweenss"   "size"        "iter"        "ifault"
```

(2) 调用 barplot 函数绘制每个簇中心的条形图，代码如下：

```
> barplot(t(fit$centers), beside = T, xlab = "cluster", ylab = "value")
```

运行结果如图 4-4 所示。

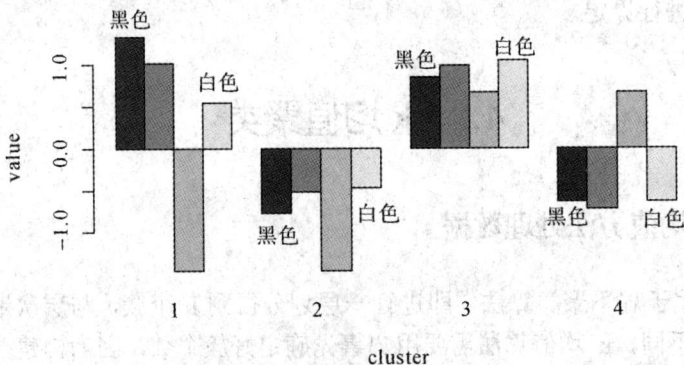

图 4-4　四个簇不同属性的条形图

(3) 绘制簇的散点图，对属于不同簇的观测点使用不同的颜色，代码如下：

```
> plot(customer, col=fit$cluster)
```

运行结果如图 4-5 所示。

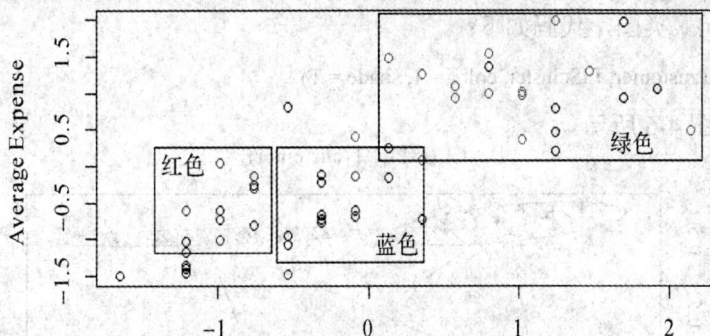

图 4-5　根据簇标签区分的簇散点图

　　k 均值聚类属于分裂聚类，是通过将 n 个对象划分到 k 个簇中，使得同一个簇中的对象之间的距离最近，算法的目的是使得组内平方和(Within-Cluster Sum of Squares，WCSS)最小。

　　k 均值聚类过程可以分成以下 5 个步骤：

(1) 指定聚类个数 k；

(2) 随机产生 k 个划分；

(3) 计算每个划分的中心；

(4) 将观测点分配到距离簇中心最近的一个簇中；

(5) 重复步骤(2)、(3)、(4)，直到 WCSS 基本不发生变化(或最小化)。

　　以上展示了使用 k 均值聚类算法聚类客户数据集的过程。与层次聚类不同是 k 均值聚类算法要求事先确定簇个数，样例中我们将 k 设置为 4。通过观察训练好的模型可以得到每个簇的大小、4 个簇的聚类中心、簇中每个观测点向量以及每个簇的组内平方和等信息。另外，我们还使用条形图展示簇的信息，使得我们能够更好地理解属性是如何影响簇的划分的。最后，我们还根据聚类标签使用带彩色类标签的散点图来展示数据点。

4.2.2　绘制二元聚类图

　　我们可以使用 k 均值方法将数据划分到不同的簇中，但当变量个数大于 2 时，就无法在二维空间中展示数据聚类的过程。这时我们可以使用二元聚类图先将变量减少至两个主要成分，然后再利用组件(如轴线和椭圆)来展示数据聚类的结果。接下来就探讨如何使用 customer 数据集作为绘制二元聚类图的输入数据源，具体过程如下所示。

(1) 安装和导入 cluster 包：

```
> install.packages("cluster")
> library(cluster)
```

(2) 绘制二元聚类图，代码如下：

```
> clusplot(customer, fit$cluster, color = T, shade = T)
```

运行结果如图 4-6 所示。

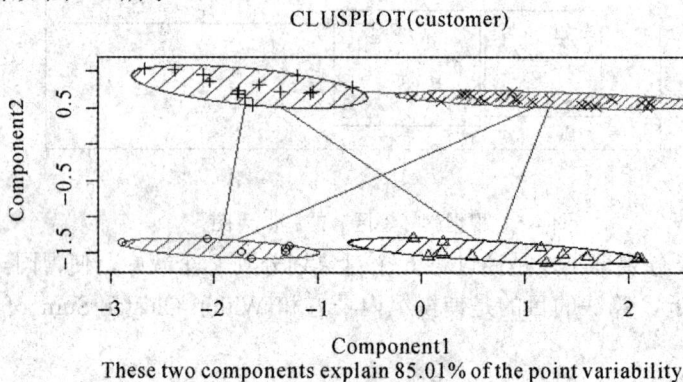

These two components explain 85.01% of the point variability

图 4-6　customer 数据集的二元聚类图

(3) 对二元聚类图进行标记并放大，代码如下：

```
> par(mfrow=c(1, 2))
> library(cluster)
> clusplot(customer, fit$cluster, color = T, shade = T)
> rect(-0.7, -1.7, 2.2, -1.2, border = "orange", lwd=2)
> clusplot(customer, fit$cluster, color = T, xlim = c(-0.7, 2.2), ylim=c(-1.7, -1.2))
```

运行结果如图 4-7 所示。

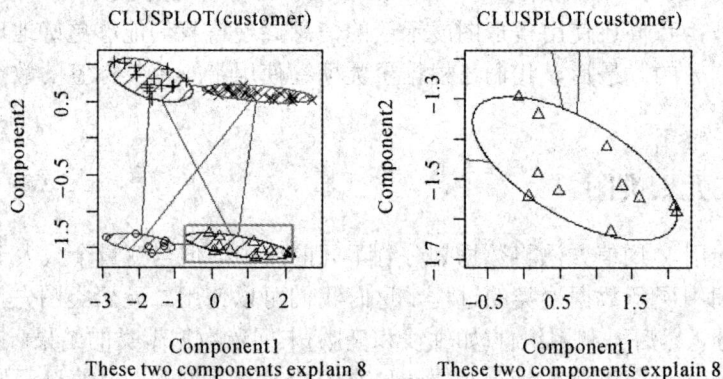

图 4-7　二元聚类图放大显示

以上介绍了绘制一个二元聚类图以展示数据聚类的过程。首先安装和导入 cluster 算法包，然后使用 clusplot 函数绘制 customer 数据集的二元聚类图。样例中，clusplot 函数的 shade 参数值和 color 参数值均被设置为 TRUE，得到一个彩色且带边框的聚类。在第(2)步得到的结果图中，二元聚类使用了两个成分，x 轴和 y 轴涵盖了 85.01%的数据点，数据点根据成分 1 和成分 2 的取值散落到图中，同一个簇内的数据点采用相同颜色和形状绘制。

另外，除了可以将 4 个簇绘制在一个图中外，还可以调用 rect 函数来增加一个矩形框对给定 x 轴和 y 轴内的簇进行标注，然后再调用 clusplot 函数，设置好 xlim 和 ylim 参数的值，将被选中的簇放大显示以便更好地观察簇内数据点的特征。

4.3　聚类算法比较

在使用了不同聚类算法完成数据聚类操作后，我们可以对这些算法的性能进行评估。绝大多数情况下，我们既可以使用簇内距离也可以使用簇间距离作为评判标准。接下来，我们将介绍如何使用 fpc 算法包的 cluster.stat 函数来比较不同聚类算法的性能。为此需先准备 customer 数据集，然后执行以下操作比较不同聚类算法的性能。

(1) 安装和导入 fpc 包：

```
> install.packages("fpc")
> library(fpc)
```

(2) 选择层次聚类算法，距离计算采用 single 方法(最短距离法)，将得到的簇存放在 hc_single 对象中，代码如下：

```
> single_c=hclust(dist(customer), method = "single")
> hc_single=cutree(single_c, k=4)
```

(3) 选择层次聚类算法，距离计算采用 complete 方法(最长距离法)，将得到的簇存放在 hc_complete 对象中，代码如下：

```
> complete_c=hclust(dist(customer), method = "complete")
> hc_complete=cutree(complete_c, k=4)
```

(4) 选择 k 均值聚类算法，将得到的簇存放在 km 对象中，代码如下：

```
> set.seed(22)
> km=kmeans(customer, 4)
```

(5) 获取每一个聚类算法结果的基本统计信息，代码如下：

```
> cs=cluster.stats(dist(customer), km$cluster)
```

(6) 通常我们习惯使用 within.cluster.ss 和 avg.silwidth 这两个函数来验证聚类算法，代码如下：

```
> cs[c("within.cluster.ss", "avg.silwidth")]
```

运行结果如下：

```
$within.cluster.ss
[1] 61.3489

$avg.silwidth
[1] 0.4640587
```

(7) 得到采用不同方法生成的聚类结果的统计信息并以列表显示，代码如下：

```
>sapply(list(kmeans=km$cluster, hc_single=hc_single, hc_complete=hc_complete),
                        function(c)clust
er.stats(dist(customer), c)[c("within.cluster.ss", "avg.silwidth")])
```

运行结果如下：

```
                    kmeans      hc_single hc_complete
within.cluster.ss 61.3489    136.0092   65.94076
   avg.silwidth   0.4640587 0.2481926 0.4255961
```

以上对如何验证聚类效果进行了实验，聚类结果的验证通常采用两种技术，分别为簇内距离和簇间距离。簇间距离越大，聚类效果越好；而簇内距离越小，聚类结果越理想。实验中我们使用了 fpc 包中的 cluster.stat 函数来计算训练好的聚类对象的相关统计信息。

从输出结果可以得知，函数 within.cluster.ss 计算的是每个聚类内部的距离平方和，而函数 avg.silwidth 计算的是平均轮廓值。数学上对于每个点 x 可以采用下列公式计算其轮廓系数：

$$轮廓系数(x) = \frac{b(x) - a(x)}{\max([b(x), a(x)])}$$

其中 $a(x)$ 是点 x 到所有与它在同一个簇中的其他点的平均距离，而 $b(x)$ 则是点 x 到所有与它不在同一个簇的点的平均距离的最小值。通常轮廓系数的取值范围是 0~1，其值越接近于 1，说明聚类效果越好。

从实验的统计结果可知，在 within、cluster.ss 和 avg.silwidth 测度下基于最长距离的层次聚类算法的效果要优于 k 均值算法和最短距离层次聚类算法。

4.4　聚类效果评估

4.4.1　从簇中抽取轮廓信息

簇的轮廓信息对验证聚类效果非常有用。前面已经对聚类效果的评估指标进行了说明，聚类效果的好坏同时取决于簇内对象的相似性和簇间对象的相异性。轮廓系数能够同时对簇内距离和簇间距离进行考查，其取值范围为 0~1，轮廓系数越接近于 1，说明聚类效果越好。接下来将探讨如何计算轮廓系数。为了完成对聚类的轮廓信息的抽取，需要准备好 customer 数据集，然后执行以下操作以计算轮廓系数。

(1) 调用 kmeans 函数生成一个 k 均值聚类对象 km：

```
> set.seed(22)
> km=kmeans(customer, 4)
```

(2) 计算聚类对象的轮廓系数：

```
> kms=silhouette(km$cluster, dist(customer))
> summary(kms)
```

运行结果如下：

```
Silhouette of 60 units in 4 clusters from silhouette.default(x = km$cluster, dist = dist
(customer)) :
 Cluster sizes and average silhouette widths:
        8        11        16        25
0.5464597 0.4080823 0.3794910 0.5164434
Individual silhouette widths:
   Min. 1st Qu.  Median    Mean 3rd Qu.    Max.
 0.1931  0.4030  0.4890  0.4641  0.5422  0.6333
```

(3) 绘制轮廓信息图，代码如下：

```
> plot(kms)
```

运行结果如图 4-8 所示。

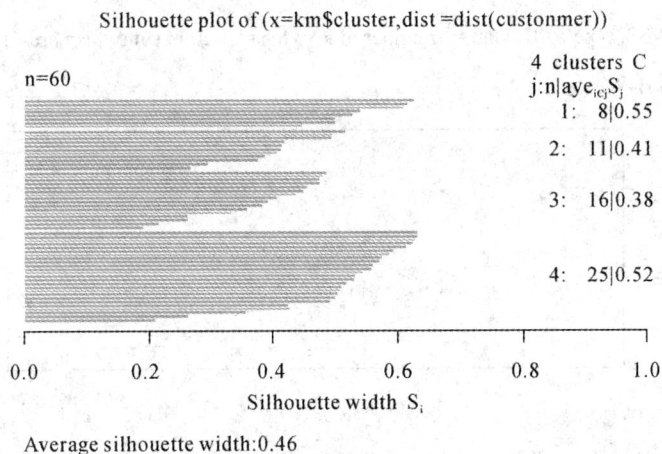

图 4-8　k 均值聚类对象的轮廓信息图

以上展示了如何使用轮廓系数图来比较聚类算法的效果。首先获取聚类对象轮廓信息，包括聚类大小、平均轮廓值以及单个对象的轮廓值。轮廓系数的取值范围为 0~1，越靠近 1，说明聚类的质量越好。然后调用 plot 函数来绘制轮廓图，左边为水平线段的个数，即簇的个数；右边为当前簇的平均相似度与邻近聚簇平均相似度的差值。图的底部显示了平均轮廓宽度值。

4.4.2　获得优化的 k 值聚类

k 均值算法效率快也易于实现，在算法开始要求提前规定好簇 k 的数目，因此我们可以使用距离的平方和来确定哪个 k 值能够得到最好的 k 均值聚类效果。接下来将探讨如何找到对 k 值算法最合适的簇的个数。先需要准备好 customer 的数据集，然后执行以下操作为 k 均值算法找到最合适的聚类个数。

(1) 计算每个簇的距离平方和(withinss)：

```
> nk=2:10
> set.seed(22)
> WSS=sapply(nk, function(k){kmeans(customer, centers = k)$tot.withinss})
>WSS
```

运行结果如下：

```
[1] 123.49224  88.07028  61.34890  48.76431  47.20813  45.48114  29.58014  28.87519  23.21
331
```

(2) 调用 plot 函数绘制不同 k 值下距离平方和的线图。代码如下：

```
> plot(nk, WSS, type = "l", xlab = "number of k", ylab = "within sum of squares")
```

运行结果如图 4-9 所示。

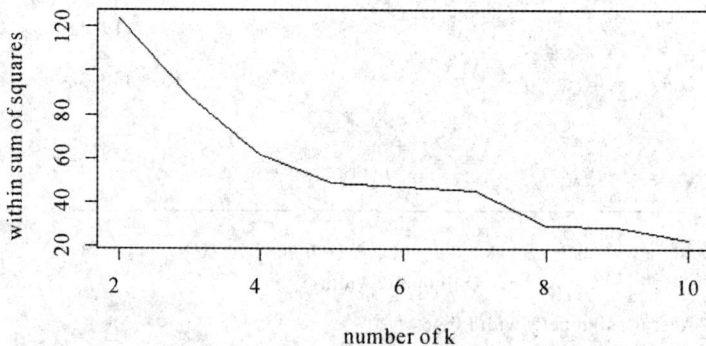

图 4-9　不同 k 值的平方和线图

(3) 计算不同聚类结果的平均轮廓值(avg.silwidth)：

```
>sw=sapply(nk, function(k){cluster.stats(dist(customer),
        kmeans(customer, centers=k)$cluster)$avg.silwidth})
> sw
```

运行结果如下：

```
[1] 0.4203896 0.4092890 0.4640587 0.4308448 0.4160309 0.4241364 0.3637102 0.3540200
[9] 0.3436709
```

(4) 绘制不同 k 值的平均轮廓线图，代码如下：

```
> plot(nk, sw, type = "l", xlab = "number of clusers", ylab="average silhouette width")
```

运行结果如图 4-10 所示。

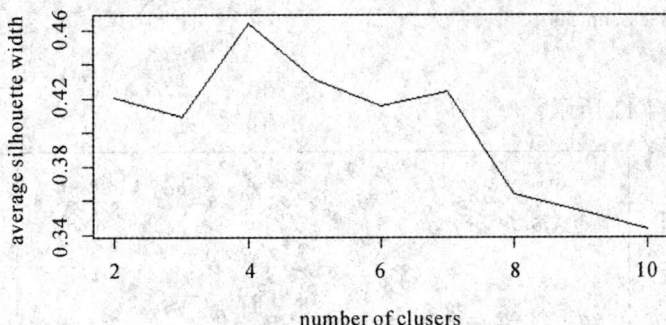

图 4-10　不同 k 值的平均轮廓线图

(5) 得到最大的簇个数：

```
> nk[which.max(sw)]
```

运行结果如下：

[1] 4

以上展示了通过迭代生成簇的距离平方和以及平均轮廓图来寻找最优的簇个数值的过程。其中，距离平方和越小，聚簇效果越佳，通过绘制不同 k 值下簇距离平方和图，可以得到最合适样例的 k 值为 4。同时还使用了 cluster.stats 函数来计算不同聚类结果的平均轮廓值图，并绘制了相应的线图。从步骤(4)的结果可以发现当 k=4 时，平均轮廓值图最大。另外，也可以利用 which.max 函数来得到最大平均轮廓值所对应的 k 值。

4.5　使用密度聚类方法处理数据

除了可以使用距离作为聚类指标外，还可以使用密度指标来对数据进行聚类处理，将分布稠密的样本与分布稀疏的样本分离开。DBSCAN 是著名的密度聚类算法，接下来将探讨如何使用 DBSCAN 来完成基于密度的聚类算法，具体过程如下：

(1) 安装和导入 fpc 和 mlbench 包：

```
> install.packages("mlbench")
> install.packages("fpc")
> library(mlbench)
> library(fpc)
```

(2) 使用 mlbench 库绘制 cassini 问题图，代码如下：

```
> set.seed(2)
> p=mlbench.cassini(500)
> plot(p$x)
```

运行结果如图 4-11 所示。

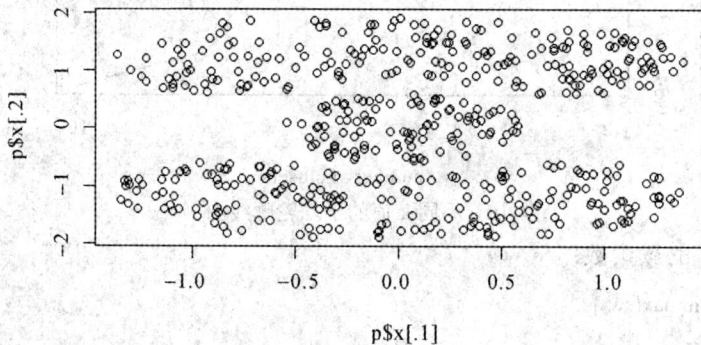

图 4-11　csssini 问题图

(3) 根据数据密度完成聚类，代码如下：

```
> ds=dbscan(dist(p$x), 0.2, 2, countmode = NULL, method = "dist")
> ds
```

运行结果如下：

```
dbscan Pts=500 MinPts=2 eps=0.2
          1   2   3
seed    200 200 100
total   200 200 100
```

(4) 绘制聚类结果的散点图，基于不同簇的数据点选用不同的颜色，代码如下：

```
> plot(ds, p$x)
```

运行结果如图 4-12 所示。

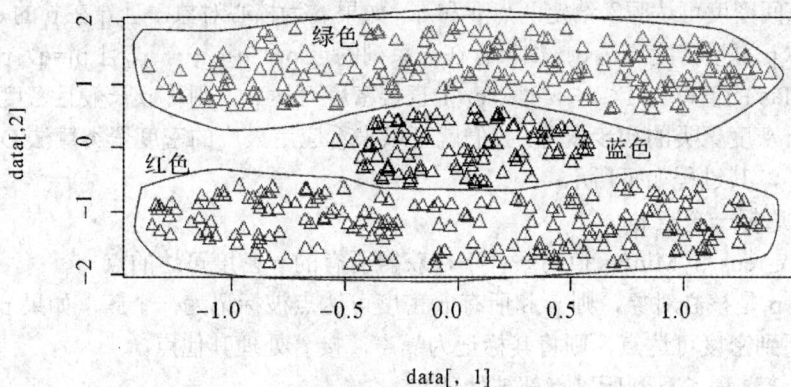

图 4-12　根据聚簇标号绘制的彩色散点图

(5) 调用 dbscan 来预测数据点可能被划分到哪个簇，在本样例中，首先在矩阵 p 中处理三个输入值，代码如下：

```
> y=matrix(0, nrow = 3, ncol = 2)
> y[1, ]=c(0, 0)
> y[2, ]=c(0, -1.5)
> y[3, ]=c(1, 1)
> y
```

运行结果如下：

```
     [,1] [,2]
[1,]    0  0.0
[2,]    0 -1.5
[3,]    1  1.0
```

(6) 预测数据点属于哪个簇，代码如下：

```
> predict(ds, p$x, y)
```

结果为：

```
[1] 3 1 2
```

基于密度的聚类算法利用了密度可达以及密度相连的特点，因此适用于处理非线性聚类问题。基于密度的聚类算法通常要考虑两个参数：eps 和 MinPts，其中 eps 为最大邻域半径，MinPts 为邻域半径范围内的最小点数。确定好这两个参数的值后，如果给定对象其邻域半径范围内的样本点个数大于 MinPts，则称该对象为核心点；如果给定对象其邻域半径范围内的样本点个数小于 MinPts，但紧挨着核心点，则称该对象为边缘点；如果 p 对象的 eps 邻域范围内的样本点个数大于 MinPts，则称该对象为核心对象。

何为两点间密度可达呢？给定两点 p 和 q，如果 p 为核心对象，且 q 在 p 的 eps 邻域范围内，则称 p 直接密度可达 q；如果存在一系列的点 p_1，p_2，…，p_n 且 p_1=q，p_n=p，根据 eps 和 MinPts 的值，当 $1 \leqslant i \leqslant n$ 时，p_i+1 直接密度可达 p_i，则称 p 一般且密度可达 q。

有了基于密度聚类的初步概念，我们就可以来看应用最广的密度聚类算法 DBSCAN 的处理过程了，其过程如下所示：

(1) 随机选择一个点 p。

(2) 在给定 eps 和 MinPts 值的条件下，获得所有的 p 密度可达的点。

(3) 如果 p 是核心对象，则 p 和所有 p 密度可达点被标记为一个簇；如果 p 是一个边缘点，找不到密度可达点，则将其标记为噪声，接着处理其他点。

(4) 重复该过程，直到所以点都被处理完。

以上探讨了如何使用基于密度聚类的 DBSCAN 算法完成 customer 数据的聚簇。首先需要安装和导入 mlbench 和 fpc 两个库，mlbench 库提供不同形状和大小的仿真数据集，在以上样例中，我们生成了一个 cassini 问题图。接下来，使用 DBSCAN 算法聚类 cassini 数据集，将可达距离设置为 0.2，最小可达点个数设置为 2，计算进度设置为 null，使用距离矩阵作为计算依据。从结果可知，经过算法处理，数据划分成三个簇，每个簇的大小分别为 200、200 和 100。通过聚簇结果的示意图也可以发现 cassini 图被不同颜色区分开来。

在 fpc 包中提供了 predict 函数，我们使用该函数预测输入矩阵中数据簇的类标号，点 C(0, 0)被分到簇 3，点 C(0, 1.5)被分到簇 1，点 C(1, 1)被分到簇 2。

习　题

1. 从相应网站获取可用的小麦种数据，将数据读入内存，并将数据集命名为 wheat。

2. 更改数据集 wheat 列名为 "area""perimeter""compactness""length""width""asymmetry""groove""undefined"。

3. 数据集 wheat 数据描述未对最后一栏进行定义，将其移除。

4. 数据集部分行列存在缺失数据，将缺失行去除。

5. 用 kmeans 函数进行聚类分析。

6. 从相应网站获取太阳黑子数据。如果太阳黑子真的随机显示，就会模糊。对它进行密度估计。

第 5 章 决 策 树

决策树是分类算法的一种，是基于类标号已知的训练数据集建立分类模型，然后使用其对新观测值(测试数据集)的一种算法，因而与回归算法一样也属于监督学习方法，决策树与回归的最大区别是后者对连续值进行预测处理。

决策树通常被应用于判断给定观测值的类别。例如，基于某给定股票的历史价格，我们可以使用决策树算法来预测它未来可能的价格，那么如果要判断这只股票未来是涨还是跌就可以使用决策树。

本章将介绍如何使用 R 语言实现决策树分类。以电信数据的用户为例，首先基于 churn 电信数据集分别建立训练数据集和测试数据集，然后使用不同的分类模型对其进行分类，接着再使用传统决策树和条件推理树来介绍基于树的分类算法。

5.1 准备训练和测试数据集

要建立分类模型需先通过训练数据集来训练分类模型，再利用测试数据集来验证预测模型的性能。下面我们将分别展示对 telecom churn 数据集分割分别得到训练和测试数据集的过程。

执行以下步骤分割 churn 数据集得到训练和测试数据。

(1) 从 C50 包中得到 churn 数据集：

```
> install.packages("C50")
> library(C50)
> data(churn)
```

(2) 执行 str 命令了解数据集的结构：

```
> str(churnTrain)
```

运行结果如下：

```
'data.frame':   3333 obs. of  20 variables:
 $ state                        : Factor w/ 51 levels "AK","AL","AR",..: 17 36 32 36 37
2 20 25 19 50 ...
 $ account_length               : int  128 107 137 84 75 118 121 147 117 141 ...
 $ area_code                    : Factor w/ 3 levels "area_code_408",..: 2 2 2 1 2 3 3 2
1 2 ...
 $ international_plan            : Factor w/ 2 levels "no","yes": 1 1 1 2 2 1 1 2 1 2 ...
 $ voice_mail_plan              : Factor w/ 2 levels "no","yes": 2 2 1 1 1 2 1 1 2 ...
 $ number_vmail_messages        : int  25 26 0 0 0 24 0 0 37 ...
 $ total_day_minutes            : num  265 162 243 299 167 ...
 $ total_day_calls              : int  110 123 114 71 113 98 88 79 97 84 ...
 $ total_day_charge             : num  45.1 27.5 41.4 50.9 28.3 ...
 $ total_eve_minutes            : num  197.4 195.5 121.2 61.9 148.3 ...
 $ total_eve_calls              : int  99 103 110 88 122 101 108 94 80 111 ...
 $ total_eve_charge             : num  16.78 16.62 10.3 5.26 12.61 ...
 $ total_night_minutes          : num  245 254 163 197 187 ...
 $ total_night_calls            : int  91 103 104 89 121 118 118 96 90 97 ...
 $ total_night_charge           : num  11.01 11.45 7.32 8.86 8.41 ...
 $ total_intl_minutes           : num  10 13.7 12.2 6.6 10.1 6.3 7.5 7.1 8.7 11.2 ...
 $ total_intl_calls             : int  3 3 5 7 3 6 7 6 4 5 ...
 $ total_intl_charge            : num  2.7 3.7 3.29 1.78 2.73 1.7 2.03 1.92 2.35 3.02 ..
.
 $ number_customer_service_calls: int  1 1 0 2 3 0 3 0 1 0 ...
 $ churn                        : Factor w/ 2 levels "yes","no": 2 2 2 2 2 2 2 2 2 ...
> |
```

(3) 可以删除 state、area_code 和 account_length 属性，因为这三个属性对分类特征没有贡献，代码如下：

> churnTrain=churnTrain[, !names(churnTrain)%in%c("state", "area_code", "account_length")]

(4) 将 70%的数据划分到训练数据集中，30%的数据放在测试数据集中，代码如下：

> ind=sample(2, nrow(churnTrain), replace = T, prob = c(0.7, 0.3))

> trainset=churnTrain[ind==1,]

> testset=churnTrain[ind==2,]

(5) 使用 dim 命令浏览训练和测试数据集的维度：

> dim(trainset)

[1] 2315   17

> dim(testset)

[1] 1018   17

以上过程选择了 churn 数据集作为样例数据源，该数据集包含 3333 个样例，数据维度为 20。我们建立一个分类模型判断客户是否会流失，因为争取一个新顾客的成本显然要高于维护一个老顾客的成本，因此预测的结果度对 telecom 公司是非常重要的。

在构建分类模型之前，首先要对数据进行预处理，将 churn 数据集从 C50 包中装载到 R 会话内，并将变量命名为 churn。因 state、area_code 和 account_length 对构建分类模型没有作用，因此先去掉这三个属性，即完成数据的预处理。

然后将数据集分割成训练和测试两个集合。我们使用一个样本函数随机生成一个序列，该序列大小等同于 70% 的样例大小，再生成一个大小等同于 30% 的样例个数的序列。接下来，用生成的序列将 churn 数据集分成训练集(trainset)和测试集(testset)。最后，通过 dim 函数，可知总的样本为 3333 个样例，其中 trainset 训练数据集包含 2315 个样例，testset 测试数据集包含 1018 个样例。

5.2　递 归 决 策 树

　　决策树对分类结果的预测是基于一个或多个输入变量并结合划分条件完成的。分裂过程从分类树树根节点开始，在每个节点，算法根据划分条件检查输入变量是否需要继续向左子树或右子树递归进行划分，当到达分类树的任意叶子节点(终点)时，停止分裂。

　　本节将介绍如何在顾客 churn 数据集上应用递归分裂树算法。首先，需将 churn 数据集分成训练(trainset)和测试(testset)两个子集合，每个子集都必须包含 17 个变量，然后执行以下步骤划分 churn 数据集得到训练和测试数据集。

(1) 载入 rpart 包：

```
> library(rpart)
```

(2) 使用 rpart 函数建立一个分类树模型：

```
> churn.rp=rpart(churn~., data=trainset)
```

(3) 输入 churn.rp 命令得到分类树节点细节信息：

```
> churn.rp
```

(4) 调用 printcp 函数检查复杂性参数：

```
> printcp(churn.rp)
```

运行结果如下：

```
Classification tree:
rpart(formula = churn ~ ., data = trainset)

Variables actually used in tree construction:
[1] international_plan          number_customer_service_calls
[3] total_day_minutes          total_eve_minutes
[5] total_intl_calls           total_intl_minutes
[7] voice_mail_plan

Root node error: 342/2315 = 0.14773

n= 2315

        CP nsplit rel error  xerror     xstd
1 0.076023      0   1.00000 1.00000 0.049920
2 0.074561      2   0.84795 0.99708 0.049860
3 0.055556      4   0.69883 0.76023 0.044421
4 0.026316      7   0.49415 0.52632 0.037673
5 0.023392      8   0.46784 0.52047 0.037481
6 0.020468     10   0.42105 0.50877 0.037092
7 0.017544     11   0.40058 0.47076 0.035788
8 0.010000     12   0.38304 0.47661 0.035993
```

(5) 调用 plotcp 函数绘制成本复杂性参数图：

> plotcp(churn.rp)

运行结果如图 5-1 所示。

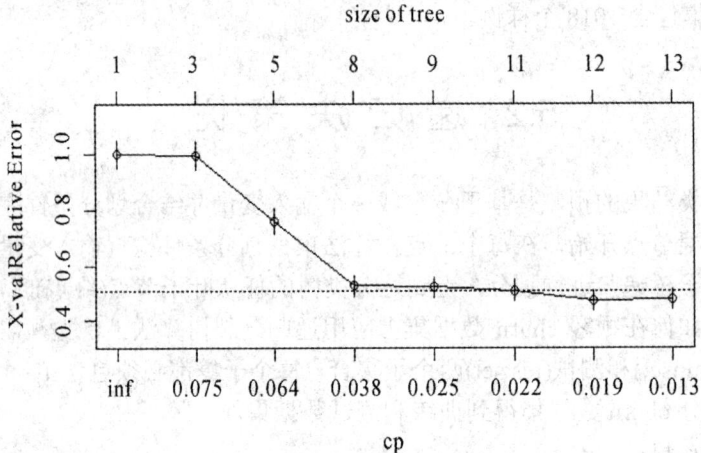

图 5-1　成本复杂性参数图

(6) 使用 summary 函数来检验已建立的模型：

> summary(churn.rp)

以上过程使用了 rpart 包里的递归分割树构建一个分类树模型，递归分割树算法包括两个步骤：递归和分割。在决策归纳过程中，我们曾探讨过使用统计评估方法(简单说就是一个"是/否"问题)基于评价结果将数据划分成不同部分。最后，当我们确定了子节点后，就能重复执行分裂直到满足终止条件。

首先我们调用 library 函数加载 rpart 包，然后将 churn 变量作为分类变量(类标号)，剩下的其他变量作为输入特征变量，建立相应的分类模型。

模型建好后，输入模型名称 churn.cp 来显示分类树节点的细节信息。在所输出的节点信息中，n 代表样本大小，loss 为分类错误的代价，yval 为分类结果，yprob 为两类的百分比。

接下来，调用 printcp 函数输出树模型的复杂性参数。我们可以从 printcp 命令的执行结果中找到 cp(成本复杂度参数)值，该复杂性参数可以作为控制树规模的惩罚因子。简而言之，cp 值越大，分裂的规模(nsplit)越小；输出参数(rel error)指示当前分类模型树与空树之间的平均偏差比值；xerror 的值是通过使用 10-交叉检验得到的相对误差；xstd 表示相对误差额标准差。

为了使 cp 更具可读性，我们使用 plotcp 绘制 cp 表的信息图。如图 5-1 所示，底部 X 轴为 cp 值，y 轴为相对误差，顶部 x 轴为树的大小。虚线值为标准偏差的上限。从图中我们能够得知当树的大小为 12 时，交叉检验的误差最小。

　　使用决策树分类的优势在于其非常灵活也易于理解，可以同时解决分类和回归两种问题，决策树是一种无参数算法，这意味着用户不需要担心数据是否为线性可分。决策树算法的不足是它容易产生偏差和过度适应问题。不过，条件推理树可以用来克服偏差的问题，而过度适应可以借助随机森林方法或树的剪枝来解决。

5.3　递归决策树可视化

　　上一节我们了解了如何以文本形式输出分类树信息，为了让树的可理解程度更高，可以使用 plot 函数绘制分类树。

　　执行以下步骤完成分类树的可视化。

（1）调用 plot 函数和 text 函数绘制分类树：

> plot(churn.rp, margin = 0.1)
> text(churn.rp, all=T, use.n = T)

运行结果如图 5-2 所示。

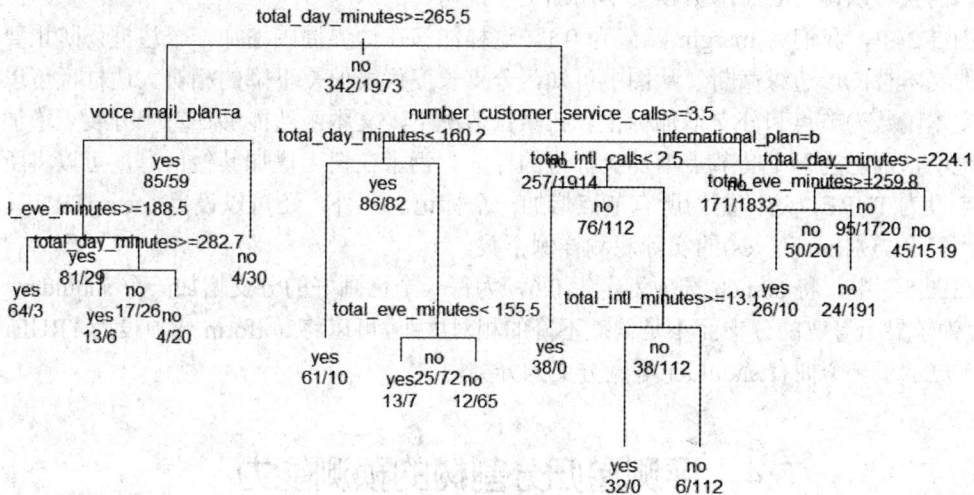

图 5-2　分类树

（2）改变 uniform、branch 以及 margin 参数的值来调整显示的结果，代码如下：

> plot(churn.rp, uniform = T, branch = 0.6, margin = 0.1)
> text(churn.rp, all=T, use.n = T)

运行结果如图 5-3 所示。

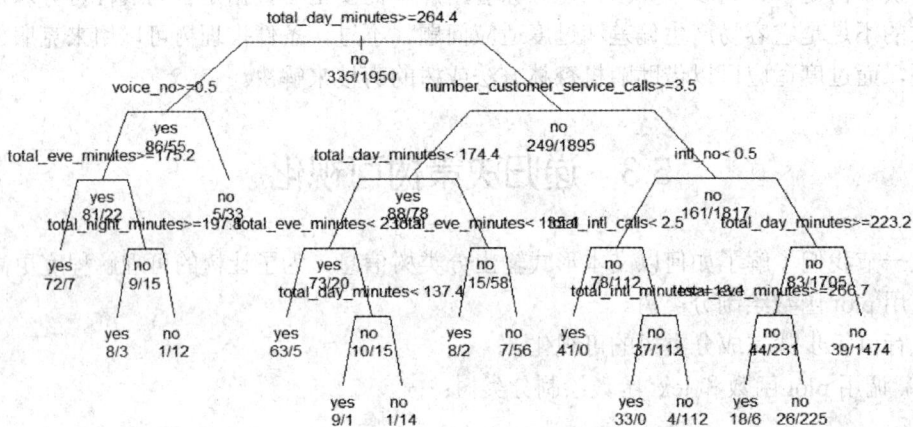

图 5-3　　调整分类树的输出

以上过程展示了如何调用 plot 函数绘制分类树。plot 函数能够实现简单的分类树可视化，而且可以调用 text 函数在图中添加文字说明。

图 5-2 中，我们将 margin 赋值为 0.1，这样能够在边界周围增加一个边框，防止要显示的文本被图形边缘截断。从图中可知，分支长度代表偏差下降的相对大边框，可以使用文本函数为节点和分支增加标记。在默认情况下，文本函数能够在每个分裂点增加条件说明，同时为每个叶节点增加类标号的标注。为了在树上增加其他信息，可以将所有参数设为 TURE，这样能为所有节点增加一个标记。此外，还可以设置 use.n=TRUE，以得到每个类别(no 和 yes)的实际观测样例个数。

在图 5-3 中，将 branch 选项定为 0.6，为每一个已画好的分支增加一个 shoulder。另外，为了显示等宽的分支而不是偏差下降的相对大小，可以将 uniform 选项设为 TRUE。图 5-3 显示了一个拥有 shoulder 等宽分支的分类树。

5.4　评测递归分割树的预测能力

前面已经介绍了如何构建一棵分类树，借助分类树，我们能够预测新观测值的类别和标签。在进行预测前，我们先通过在测试数据集上建立一张分类表来评测分类树的预测能力。本节将介绍如何调用 predict 函数和 table 函数分别生成预测表以及实际类标号表。首先，需获得分类模型 churn.rp 和准备好之前提到的训练数据集 trainset 和测试数据集 testset，然后执行以下操作完成对分类树的预测性能验证。

(1) 调用 predict 函数生成测试数据集的类标号预测表：

```
> predictions=predict(churn.rp, testset, type = "class")
```

(2) 调用 table 函数建立测试数据集的分类表：

```
> table(testset$churn, predictions)
```

运行结果如下：

```
     predictions
      yes  no
yes 100   41
no   18  859
```

(3) 调用 caret 包提供的 confusionMarix 函数生成混淆矩阵：

```
> install.packages("caret")
> library(caret)
> confusionMatrix(table(predictions, testset$churn))
```

运行结果如下：

```
Confusion Matrix and Statistics

predictions yes  no
        yes 100  18
        no   41  859

              Accuracy : 0.942
                95% CI : (0.9259, 0.9556)
   No Information Rate : 0.8615
   P-Value [Acc > NIR] : < 2.2e-16

                 Kappa : 0.7393
Mcnemar's Test P-Value : 0.004181

           Sensitivity : 0.70922
           Specificity : 0.97948
        Pos Pred Value : 0.84746
        Neg Pred Value : 0.95444
            Prevalence : 0.13851
        Detection Rate : 0.09823
  Detection Prevalence : 0.11591
     Balanced Accuracy : 0.84435

      'Positive' Class : yes
```

以上过程使用了 predict 函数构建一个分类模型 churn.cp，用来预测测试数据集 testset 中样例可能的类标号。预测类别(类标号)可能被编码为 no 或 yes。然后使用 table 函数在测试数据集上建立一个分类表。从分类表可以得知，859 个样例被正确预测为 no，18 个样例被错误预测为 yes，100 个样例被正确预测为 yes，但是有 41 个样例被错误预测为 no。进一步，我们使用 caret 包的 connfusionMatrix 函数来评测分类模型的性能。

5.5　递归分割树剪枝

在前述内容中，我们已经为 churn 数据集构建了一棵复杂的决策树。但是，为了避免过度适应，我们需要去掉一部分分类描述能力比较弱的规则以提高预测准确率。本节将介绍使用成本复杂剪枝方法对分类树剪枝。

执行以下操作完成对分类树的剪枝。

(1) 找到分类树模型的最小交叉检验误差：

```
> min(churn.rp$cptable[, "xerror"])
[1] 0.4707602
```

(2) 定位交叉检验误差最小的记录：

```
> which.min(churn.rp$cptable[, "xerror"])
```

(3) 获取造成检验误差最小记录的成本复杂度参数值：

```
> churn.cp=churn.rp$cptable[7, "CP"]
> churn.cp
[1] 0.01754386
```

(4) 设置参数 cp 的值与交叉检验误差最小记录的 CP 值相同进行剪枝：

```
> library(rpart)
> prune.tree=prune(churn.rp, cp=churn.cp)
```

(5) 调用 plot 和 text 函数绘制分类树：

```
> plot(prune.tree, margin = 0.1)
> text(prune.tree, all=TRUE, use.n = T)
```

运行结果如图 5-4 所示。

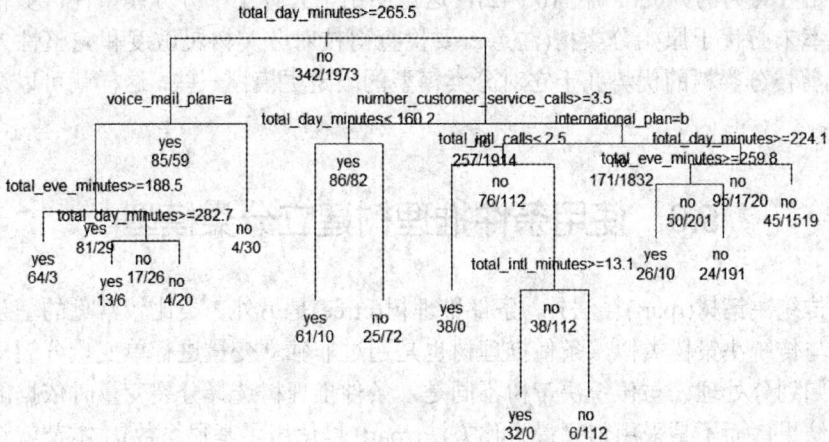

图 5-4 剪枝后的分类树

(6) 基于上述分类表输出混淆矩阵：

> confusionMatrix(table(predictions, testset$churn))

输出结果如下：

```
Confusion Matrix and Statistics


predictions yes  no
        yes 100  18
        no   41 859

               Accuracy : 0.942
                 95% CI : (0.9259, 0.9556)
    No Information Rate : 0.8615
    P-Value [Acc > NIR] : < 2.2e-16

                  Kappa : 0.7393
 Mcnemar's Test P-Value : 0.004181

            Sensitivity : 0.70922
            Specificity : 0.97948
         Pos Pred Value : 0.84746
         Neg Pred Value : 0.95444
             Prevalence : 0.13851
         Detection Rate : 0.09823
   Detection Prevalence : 0.11591
      Balanced Accuracy : 0.84435

       'Positive' Class : yes
```

以上过程展示了决策树的剪枝操作，通过剪枝可以避免过度适应问题而得到一个更稳健的分类模型。

首先用 cptable 导入交叉检验误差最小的记录，然后从中抽取记录的 cp 值，并赋值给 churn.cp。接下来将 churn.cp 作为 prune 函数的参数对分类树进行剪枝，最后调用 plot 函数来绘制剪枝后的分类树。很明显经过剪枝的分类树其分支要少于原始分类树的分支个数。最后通过剪枝分类树的分类表和混淆矩阵可知，剪枝分类树的准确率为 0.9441，略低于原始分类树的分类准确率(0.942)，这说明由于去掉了部分分裂条件，剪枝后的分类树其效率未必优于原始分类树(注意：要检查剪枝对分类树灵敏度和完整性方面的影响)，不过剪枝分类树的优势在于它对分类模型的限定更模糊一些，这样就可以避免过度适应问题。

5.6　使用条件推理树建立分类模型

除了传统决策树(rpart)算法外，条件推理树(ctree)是另外一类比较常见的基于树的分类算法。与传统决策树类似，条件推理树也是通过非独立变量进行单变量分裂来实现对数据的递归划分处理。与传统决策树不同是，条件推理树选择分裂变量时依据的是显著性测量的结果，而不是采用信息最大化方法(rpart 里使用了基尼系数)。本节就将探讨如何使用条件推理树来构建分类模型。

执行以下步骤建立条件推理树。

(1) 调用 party 包中的 ctree 命令构建分类模型：

```
> install.packages("party")

> library(party)

> ctree.model=ctree(churn~., trainset)
```

(2) 检查树是否建好：

```
> ctree.model
```

运行结果如下：

```
Conditional inference tree with 18 terminal nodes

Response: churn
Inputs: international_plan, voice_mail_plan, number_vmail_messages, total_day_minutes,
 total_day_calls, total_day_charge, total_eve_minutes, total_eve_calls, total_eve_charg
e, total_night_minutes, total_night_calls, total_night_charge, total_intl_minutes, tota
l_intl_calls, total_intl_charge, number_customer_service_calls
Number of observations:  2315

1) international_plan == {no}; criterion = 1, statistic = 173.582
  2) number_customer_service_calls <= 3; criterion = 1, statistic = 133.882
    3) total_day_minutes <= 259.3; criterion = 1, statistic = 232.371
      4) total_eve_minutes <= 258.7; criterion = 1, statistic = 39.065
        5)*  weights = 1544
      4) total_eve_minutes > 258.7
        6) total_day_minutes <= 222.9; criterion = 1, statistic = 47.453
          7)*  weights = 209
        6) total_day_minutes > 222.9
          8) voice_mail_plan == {yes}; criterion = 1, statistic = 20
            9)*  weights = 8
          8) voice_mail_plan == {no}
            10)*  weights = 28
    3) total_day_minutes > 259.3
      11) voice_mail_plan == {no}; criterion = 1, statistic = 46.262
        12) total_eve_charge <= 14.09; criterion = 1, statistic = 37.877
          13)*  weights = 21
        12) total_eve_charge > 14.09
          14) total_night_minutes <= 178.3; criterion = 1, statistic = 19.789
            15)*  weights = 23
          14) total_night_minutes > 178.3
            16)*  weights = 60
```

以上探讨了基于推理树建立分类树的过程。使用 ctree 方法和使用 rpart 方法一样。当需要解决分类问题时，可以很简单地通过使用条件推理树或传统决策树来检测分类能力。然后检查建立的模型，获得分类树节点的详细信息。由运行结果可知，ctree 包提供的信息类似于分裂条件，包括标准(I-p-value)、统计(测试统计)和权重(节点的案例权重)，而 ctree 包通过 summary 函数提供的信息不如 rpart 包丰富。

5.7 条件推理树可视化

与 rpart 类似，party 包也提供了条件推理树的可视化命令。本节就介绍如何实现条件推理树的可视化。在此之前需获得条件推理树模型 ctree.model。另外，还需要在 R 会话中准备好训练数据集 trainset 和测试数据集 testset，然后完成以下操作进行条件推理树的可视化。

(1) 调用 plot 命令对 ctree.model 进行可视化处理，代码如下：

> plot(ctree.model)

运行结果如图 5-5 所示。

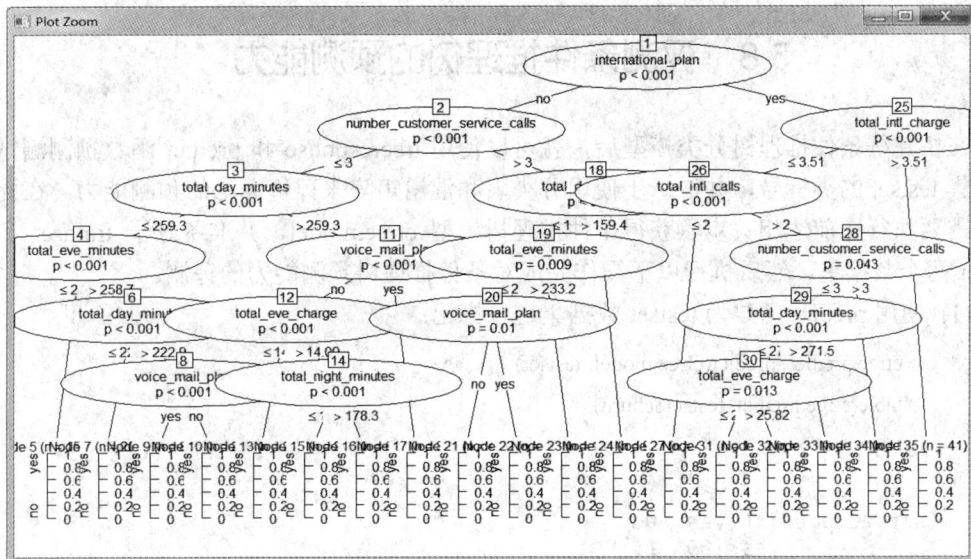

图 5-5 Churn 数据集的条件推理树

(2) 减少输入特征参数，将 total_day_charge 作为唯一分割条件再重新绘制分类树，得到一棵简化的条件推理树，代码如下：

```
> daycharge.model=ctree(churn~total_day_charge, trainset)
> plot(daycharge.model)
```

运行结果如图 5-6 所示。

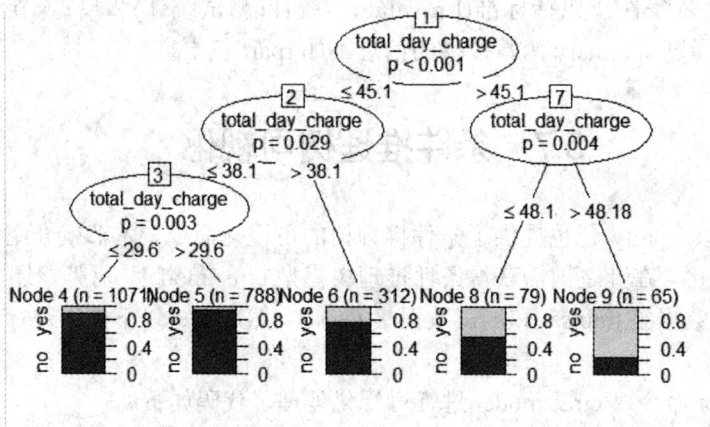

图 5-6   将 total_day_charge 作为唯一分割条件得到的条件推理树

5.8   评测条件推理树的预测能力

在搭建好条件推理树分类模型后，就可以使用 treeresponse 和 predict 函数预测测试数据集 testset 的类标号，并进一步使用分类表和混淆矩阵来评价算法的预测能力。在此之前需要执行完前述相关步骤获得条件推理树模型 ctree.model，并准备好了 trainset 和 testset 两个数据集，然后执行以下操作完成对条件推理树预测能力的评测。

(1) 使用 predict 函数为 testset 数据集进行标记：

```
> ctree.predict=predict(ctree.model, testset)
> table(ctree.predict, testset$churn)
```

运行结果如下：

```
ctree.predict yes   no
          yes  99   15
          no   42  862
```

(2) 使用 caret 包中的 confusionMatrix 命令完成对预测结果的性能评测，代码如下：

```
> library(caret)
> confusionMatrix(table(ctree.predict, testset$churn))
```

运行结果如下：

```
Confusion Matrix and Statistics

ctree.predict yes  no
          yes  99  15
          no   42 862

              Accuracy : 0.944
                95% CI : (0.9281, 0.9573)
    No Information Rate : 0.8615
    P-Value [Acc > NIR] : < 2.2e-16

                 Kappa : 0.7449
 Mcnemar's Test P-Value : 0.0005736

           Sensitivity : 0.70213
           Specificity : 0.98290
        Pos Pred Value : 0.86842
        Neg Pred Value : 0.95354
            Prevalence : 0.13851
        Detection Rate : 0.09725
  Detection Prevalence : 0.11198
     Balanced Accuracy : 0.84251
```

(3) 调用 treeresponse 函数，输出一系列概率：

```
> tr=treeresponse(ctree.model, newdata=testset[1:5, ])
> tr
```

运行结果如下：

```
[[1]]
[1] 0.03497409 0.96502591

[[2]]
[1] 0.02586207 0.97413793

[[3]]
[1] 0.02586207 0.97413793

[[4]]
[1] 0.02586207 0.97413793

[[5]]
[1] 0.03497409 0.96502591
```

本节首先探讨了使用 predict 函数实现测试数据集的标号(类标号)，然后调用 table 函数生成分类表，最后使用 caret 包内置的 confusionMatrix 函数来评价预测性能。

除了 predict 函数，还可以使用 treeresponse 函数来评估类概率，该函数通常会选择概率更高的类标号来标记数据。本节样例展示了使用测试数据集 testset 中前五条记录来得到分类概率的估计值，调用 treeresponse 函数得到这五个概率的具体值，我们可以根据这些值来判断样例的类标号。

习　　题

使用 rattle 功能包中的 weather 数据，设计一种决策树以根据部分变量确定明天是否有雨。

第 6 章　神经网络与支持向量机

支持向量机(Support Vector Machine，SVM)和神经网络(Neural Network，NN)都是功能强大的分类工具，被广泛应用于不同领域。与前述基于决策树的分类算法不同，SVM和 NN 从输入数据到输出结果的过程并不清晰，也难以解释，因此，这两种算法都属于黑盒方法。

神经网络算法的发展受人类大脑思维活动影响，其本质是一种模仿人类大脑思维方式的运算模型。与神经网络相反，支持向量机则是通过定义核函数将输出数据映射到高维特征空间上，并在此空间构造一个最优分类超平面(边界最大)。简而言之，我们可以将支持向量机看作高维空间的线性算法。

在解决分类问题上，SVM 和 NN 这两种算法各有优势。例如，SVM 可以做到全局最优，而 NN 容易构成多重局部最优。因此，可根据数据源的特征选择合适的算法。

6.1　支　持　向　量　机

6.1.1　使用支持向量机完成数据分类

libsvm 和 SVMLite 都是非常流行的支持向量机工具。在 R 语言中，e1071 包可以实现 libsvm，klap 包可以实现 SVMLite。可以通过调用这两个包里已有的函数来完成支持向量机的训练。本节讨论的重点放在基于 telecom customer churn 训练数据集，使用 e1071包的 svm 函数(libsvm 实现版本)建模得到一个支持向量机。

执行以下操作来训练 SVM。

(1) 下载并导入 e1071 包：

```
> install.packages("e1071")
> library(e1071)
```

(2) 使用 svm 函数训练支持向量机，trainset 数据集作为输入数据集，churn 是分类类别，代码如下：

```
> model=svm(churn~., trainset, kernel="radial", cost=1, gamma=1/ncol(trainset))
```

(3) 利用 summary 函数获得建好的分类模型的所有信息：

```
> summary(model)
```

运行结果如下：

```
Call:
svm(formula = churn ~ ., data = trainset, kernel = "radial", cost = 1,
    gamma = 1/ncol(trainset))


Parameters:
   SVM-Type:  C-classification
 SVM-Kernel:  radial
       cost:  1
      gamma:  0.05882353

Number of Support Vectors:  691

 ( 394 297 )


Number of Classes:  2

Levels:
 yes no
```

以上使用了 telecom custormer churn 数据集作为案例的数据源。首先使用 e1071 包的 svm 函数训练支持向量机。通过训练函数 svm，用户可以确定核函数、成本函数以及 gamma 函数。svm 函数的形式如下：

```
svm(formula，data=NULL，，subset, na.action=na.omit，scale=TRUE)
```

各参数的详细介绍如表 6-1 所示。

表 6-1　　svm 函数的参数及描述表

参　　数	描　　述
formula	公式模型
data	数据集
subset	待用的数据集子集
Na.action	包含处理 NA 数值的方法
scale	用于确定是否对数据进行度量

对于核函数，默认选择为 radial 函数(径向函数)。还可以选择线性核函数、多项式核函数、经向基核函数和 sigmod 核函数。gamma 函数的值决定了分离超平面的形状，默认为数据维度的倒数(1/数据维度)，提高 gamma 值会增加支持向量机的数量。对于成本函数，默认值通常设置为 1，此时正则项也是常数，正则项越大，边界越小。在下一节，我们将深入探讨成本函数 svm 分类器的影响，当支持向量机建好后，可以使用 summary

函数来输出分类的详细信息，包括调用方法、参数、类别个数、标记类型等。

6.1.2 选择支持向量机的惩罚因子

SVM 能够通过最大化边界得到一个优化的超平面以完成对训练数据的分离，不过有时算法也会存在错分样本。惩罚因子能实现 SVM 对分类误差及分离边界的控制。如果惩罚因子比较小，分类间隔会比较大(软间隔)，将产生比较多的错分样本；当加大惩罚因子时，会缩小分类间隔(硬间隔)，从而减少错分样本。以下将展示惩罚因子大小变化对 SVM 分类器的影响。

执行以下操作实现用两个惩罚因子生成两个不同的分类样。

(1) 调用 subset 函数获得 iris 数据集中 species 值为 setosa 或 virginica 的样例，选择样例在 Sepal.Length、Sepal.Width、Species 列的投影，代码如下：

> iris.subset=subset(iris, select=c("Sepal.Length", "Sepal.Width", "Species"),
>   Species%in%c("setosa", "virginica"))

(2) 调用 plot 函数绘制散点图，其中 Sepal.Length 为 x 轴，Sepal.Width 为 y 轴，代码如下：

> plot(x=iris.subset$Sepal.Length, y=iris.subset$Sepal.Width, col=iris.subset$Species, pch=19)

运行结果如图 6-1 所示。

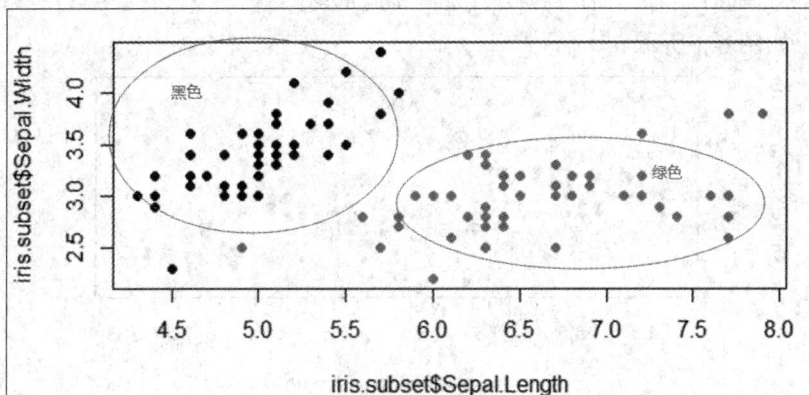

图 6-1 iris 数据集子集的散点图

(3) 将惩罚因子设置为 1，利用 iris.subset 数据集训练 SVM：

> svm.model=svm(Species~., iris.subset, kernel="linear", cost=1, scale = F)

(4) 将支持向量用蓝色的圈标注出来，代码如下：

> points(iris.subset[svm.model$index, c(1, 2)], col="blue", cex=2)

运行结果如图 6-2 所示。

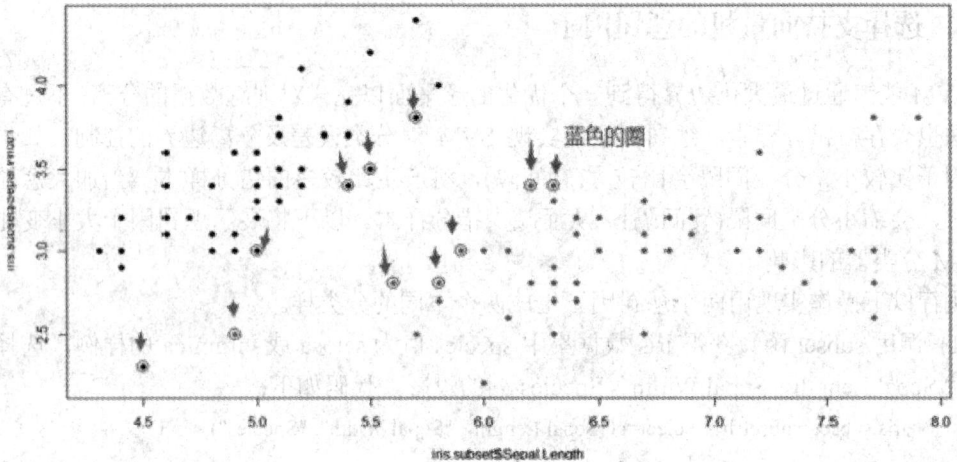

图 6-2　用蓝色圈标注支持向量

(5) 加分割线，代码如下：

```
> w=t(svm.model$coefs)%*%svm.model$SV
> b=svm.model$rho
> abline(a=b/w[1, 2], b=-w[1, 1]/w[1, 2], col="red", lty=5)
```

运行结果如图 6-3 所示。

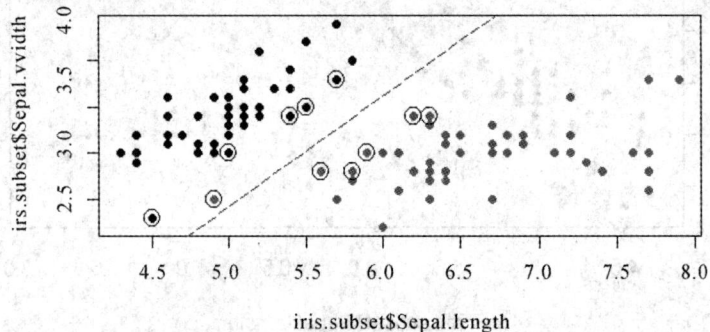

iris.subset$Sepal.length

图 6-3　在散点之间加上分割线

(6) 将惩罚因子设置为 10000，重新训练一个 SVM 分类器，代码如下：

```
> plot(x=iris.subset$Sepal.Length, y=iris.subset$Sepal.Width, col=iris.subset$Species, pch=19)
> svm.model=svm(Species~., iris.subset, kernel="linear", cost=10000, scale = F)
> points(iris.subset[svm.model$index, c(1, 2)], col="blue", cex=2)
> w=t(svm.model$coefs)%*%svm.model$SV
```

> b=svm.model$rho

> abline(a=b/w[1, 2], b=-w[1, 1]/w[1, 2], col="red", lty=5)

运行结果如图 6-4 所示。

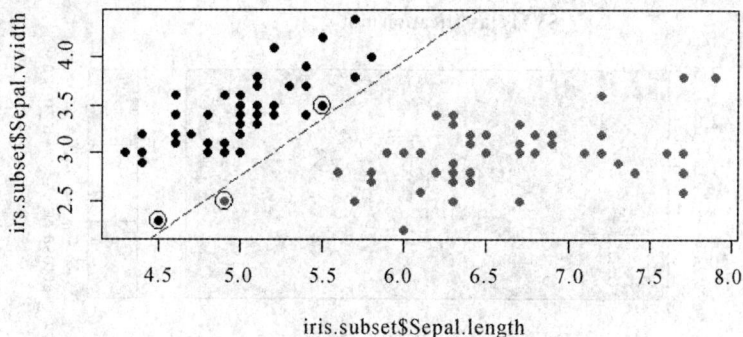

图 6-4　SVM 分类器样例(大的惩罚因子)

以上过程探讨了惩罚因子大小对 SVM 分类器的影响。首先，选取 iris 数据集的子集构成训练数据集，新的 iris 子集由 Species 列上的值为 setosa 和 virginica 的数据在 Sepal.Length 和 Sepal.Width 以及 Species 列上的投影组成。然后选择了一个小的惩罚因子(cost=1)来训练 SVM，该分类器存在部分错分样本，分割边界属于软间隔。如图 6-3 中所示，支持向量均用蓝色圆圈进行了标注，不同类别样例之间增加了一条分割线，由于选取了一个小的惩罚因子，造成图中有一个绿色点(virginica)被错误划分到其他类别(setosa)。最后为了证实一个大的惩罚因子对 SVM 分类器的影响，我们用 cost=10 000 的惩罚因子来训练 SVM 分类器。从图 6-4 所示的结果可知，此时间隔边缘变得狭窄(硬间隔)，也不存在错分的样本。通过以上过程可知惩罚因子的大小，会影响分隔间距的大小和分类误差。

6.1.3　实现 SVM 模型的可视化

要可视化已构建好的模型，可首先使用 plot 函数绘制散点图来说明输入的数据以及相应的 SVM 模型。在散点图中，支持向量和类别可以被高亮显示，以彩色样例分开来。另外，还可以采用等高线图绘制类的边缘，从等高线图可以更容易地判断被错分的样例。接下来将介绍如何实现 SVM 模型的可视化，在此之前需在 telecom 数据集运用 SVM 函数训练并保存一个调优后的 SVM 模型，然后执行以下步骤以实现 SVM 模型对象的可视化：

(1) 调用 SVM 函数基于 iris 数据集训练得到相应的支持向量机，调用 plot 函数绘制相关模型，代码如下：

> data(iris)

```
> model.iris=svm(Species~., iris)
> plot(model.iris, iris, Petal.Width~Petal.Length)
```

运行结果如图 6-5 所示。

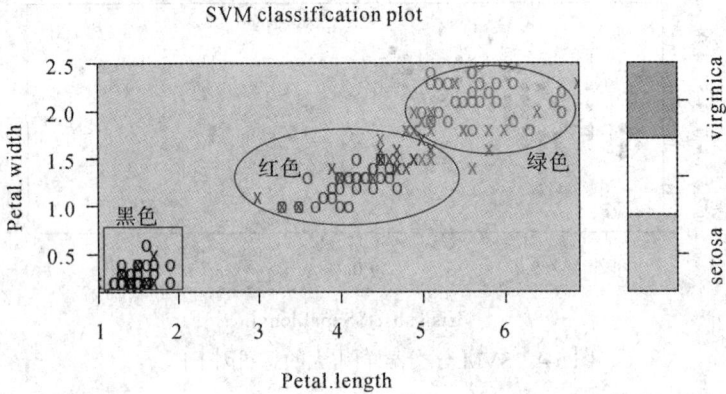

图 6-5　iris 数据集的 SVM 分类模型图

(2) 调用 plot 函数，绘制 SVM 对象 model，x 轴和 y 轴分别为 total_intl_charge 和 total_day_minutes，代码如下：

```
> plot(model, trainset, total_day_minutes~total_intl_charge)
```

运行结果如图 6-6 所示。

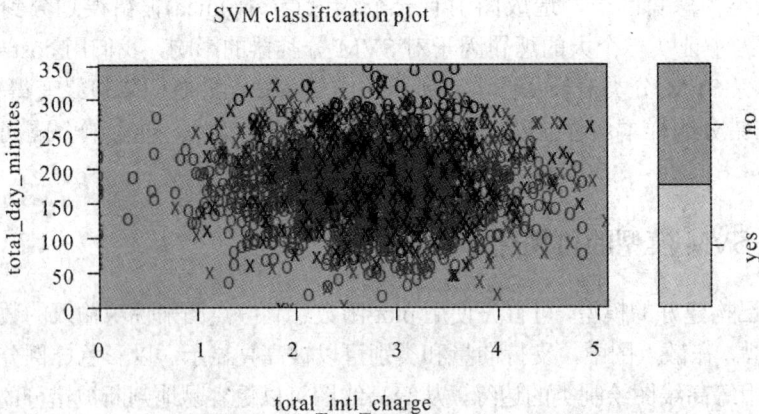

图 6-6　churn 数据集的 SVM 分类模型图

以上过程探讨了如何使用 plot 函数实现 SVM 模型的可视化。

首先，基于 iris 数据集训练得到支持向量机，并调用 plot 函数绘制了该 SVM 模型。在 plot 函数的参数列表中，第一个参数为模型名称，第二参数为指定的样本数据集(该数据集必须与构建模型的数据集一致)，第三个参数是对分类图坐标轴的说明。默认情况下，

plot 函数将绘制一个二维的散点图，在步骤(1)中选择了 Petal.Width 和 Petal.Length 作为散点图的两个坐标轴，其中 Petal.Width 为 y 轴，Petal.Length 为 x 轴，标记为 X 或 O 的数据点依次分布在图中。X 代表支持向量，O 代表样例数据。所有的支持向量以及 true class 都已经高亮并根据类别不同选用不同颜色显示(绿色代表 viginica，红色代表 versicolor，黑色代表 setoca)。

接下来用同样的方法处理基于 churn 数据集训练得到的 SVM 模型，在样例中，选择 total_day_minutes 和 total_intl_charge 作为散点图的坐标轴。从图 6-6 显示的结果可看出，红色圈标注的支持向量和黑色的叉标注数据样例在图中心区域排列非常紧密，不能直接分开。

6.1.4　基于支持向量机训练模型实现类预测

前述内容介绍了基于训练集训练 SVM 的方法。通过训练，算法能找到使间隔区间最大化的最优超平面来分割训练数据，得到的 SVM 模型能够被用来预测新到样例的类别。接下来将探讨基于 SVM 模型使用 predict 函数预测值。在此之前需生成一个 SVM 模型并保存在 model 中，然后执行以下操作完成测试数据集的类别预测。

(1) 利用已构建的 SVM 模型和测试数据集属性预测它的类别，代码如下：

```
> library(e1071)
> svm.pred=predict(model, testset[, !names(testset)%in%c("churn")])
```

(2) 根据预测结果和测试数据集的类别，调用 table 函数建立分类表，代码如下：

```
> svm.table=table(svm.pred, testset$churn)
> svm.table
```

运行结果如下：

```
svm.pred yes  no
     yes  70  12
     no   71 865
```

(3) 调用 classAgreement 计算分类一致性系数：

```
> classAgreement(svm.table)
```

运行结果如下：

```
$diag
[1] 0.9184676

$kappa
[1] 0.5855903

$rand
[1] 0.850083

$crand
[1] 0.5260472
```

(4) 调用 confusionMatrix 基于分类表评测预测性能：

```
> library(caret)
> confusionMatrix(svm.table)
```

运行结果如下：

```
Confusion Matrix and Statistics

svm.pred  yes  no
     yes   70  12
     no    71 865

               Accuracy : 0.9185
                 95% CI : (0.8999, 0.9345)
    No Information Rate : 0.8615
    P-Value [Acc > NIR] : 1.251e-08

                  Kappa : 0.5856
 Mcnemar's Test P-Value : 1.936e-10

            Sensitivity : 0.49645
            Specificity : 0.98632
         Pos Pred Value : 0.85366
         Neg Pred Value : 0.92415
             Prevalence : 0.13851
         Detection Rate : 0.06876
   Detection Prevalence : 0.08055
      Balanced Accuracy : 0.74139

       'Positive' Class : yes
```

以上过程首先调用了 predict 函数获得测试数据集的预测类型，然后使用 table 函数产生测试数据集的分类表，接下来的性能评测过程与前述章节其他分类方法类似。

在此引入了新函数 classAgreement 来计算一个二维列联表行列之间的多种一致性系数，包括 diag 系数、kappa 系数、rand 系数以及 crand 系数等。其中：diag 系数为分类表的主对角线上数据点的百分比；kappa 系数是对 diag 系数随机一致性的修正(出现随机一致性的概率)；rand 代表聚类评价指标(Rand index)，主要用来衡量两个聚簇之间的相似性；crand 系数是出现元素随机分类情况时对 Rand index 修正的结果。

最后用 caret 包的 confusionMatrix 函数来评测分类模型的性能，训练后的支持向量机分类正确率可达 0.9185，基本能够实现对绝大部分样例的正确分类。当然，单一的分类准确率不是一个衡量分类模型优劣的理想指标，用户还要考虑诸如分类模型的灵敏度以及特异度等其他指标。

6.1.5　调整支持向量机

除了选择不同的特征集和核函数外，还可以借助参数 gamma 以及惩罚因子来调整支持向量机的性能。如果要验证不同的 gamma 参数和惩罚因子的组合对支持向量机性能的影响，可以写一个 for 循环语句来实现。而 SVM 提供了 tune.svm 函数也可以实现这个功能并且可以简化这个过程。接下来将探讨利用 tune.svm 函数调整一个支持向量机的方法。

在此之前需准备好训练数据集 trainset 函数，然后执行以下操作来调整支持向量机：

(1) 调用 tune.svm 函数调整支持向量机，代码如下：

```
> library(e1071)
> tuned=tune.svm(churn~., data=trainset, gamma = 10^(-6:-1), cost = 10^(1:2))
> summary(tuned)
```

运行结果如下：

```
Parameter tuning of 'svm':

- sampling method: 10-fold cross validation

- best parameters:
 gamma cost
  0.01  100

- best performance: 0.08294335

- Detailed performance results:
   gamma cost      error dispersion
1  1e-06   10 0.14773474 0.01727242
2  1e-05   10 0.14773474 0.01727242
3  1e-04   10 0.14773474 0.01727242
4  1e-03   10 0.14773474 0.01727242
5  1e-02   10 0.09201373 0.01936511
6  1e-01   10 0.09461114 0.02005511
7  1e-06  100 0.14773474 0.01727242
8  1e-05  100 0.14773474 0.01727242
9  1e-04  100 0.14773474 0.01727242
10 1e-03  100 0.12008322 0.02162628
11 1e-02  100 0.08294335 0.01922135
12 1e-01  100 0.12614569 0.01049484
```

(2) 使用 tuning 函数得到最佳参数设置的支持向量机：

```
>model.tuned=svm(churn~., data=trainset, gamma=tuned$best.parameters$gamma,
                 cost=tuned$best.parameters$cost)
> summary(model.tuned)
```

运行结果如下：

```
Call:
svm(formula = churn ~ ., data = trainset, gamma = tuned$best.parameters$gamma,
    cost = tuned$best.parameters$cost)


Parameters:
   SVM-Type:  C-classification
 SVM-Kernel:  radial
       cost:  100
      gamma:  0.01

Number of Support Vectors:  547

 ( 304 243 )


Number of Classes:  2

Levels:
 yes no
```

(3) 调用 predict 函数对配置好的 SVM 模型进行类标号的预测，代码如下：

```
> svm.tuned.pred=predict(model.tuned, testset[, !names(testset)%in%c("churn")])
```

(4) 得到基于测试数据集的预测类别和实际类别产生分类表，代码如下：

```
> svm.tuned.table=table(svm.tuned.pred, testset$churn)
> svm.tuned.table
```

运行结果如下：

```
svm.tuned.pred yes   no
          yes  95   24
          no   46  853
```

(5) 调用 classAgreement 函数得到相关系数完成算法性能评测：

```
> classAgreement(svm.tuned.table)
```

运行结果如下：

```
$diag
[1] 0.9312377

$kappa
[1] 0.691678

$rand
[1] 0.871806

$crand
[1] 0.6303615
```

(6) 调用 confusionMatrix 函数评测优化后的模型性能：

```
> confusionMatrix(svm.tuned.table)
```

运行结果如下：

```
svm.tuned.pred yes   no
          yes  95   24
          no   46  853

               Accuracy : 0.9312
                 95% CI : (0.9139, 0.946)
    No Information Rate : 0.8615
    P-Value [Acc > NIR] : 1.56e-12

                  Kappa : 0.6917
 Mcnemar's Test P-Value : 0.01207

            Sensitivity : 0.67376
            Specificity : 0.97263
         Pos Pred Value : 0.79832
         Neg Pred Value : 0.94883
             Prevalence : 0.13851
         Detection Rate : 0.09332
   Detection Prevalence : 0.11690
      Balanced Accuracy : 0.82320

       'Positive' Class : yes
```

为了调整支持向量机可以采用试错法来寻找最佳的 gamma 参数和惩罚因子，这种方法需要通过大量的参数组合来训练出不同的支持向量机。

在以上过程中，我们将 gamma 参数的可能范围设定为 10^{-6}~10^{-1}，惩罚因子选择了 10 和 100，使用 svm.tune 函数可以得到 12 组不同的参数组合。函数采用 10 遍交叉验证的方法来获得每次组合的错误偏差，最后选择误差最低的最优参数组合。从 summary 表可知，gamma 参数为 0.01 和惩罚因子为 100 时，算法模型的性能最优。

当得到最佳参数后，可以用它们再训练一个新的支持向量机，并基于模型的分类预测结果和样例集的实际类别生成分类表及混淆矩阵。从混淆矩阵的输出结果可以得到新旧两个模型准确率的差异。

6.2　神经网络

6.2.1　利用 neuralnet 包训练神经网络模型

神经网络由一组互连的节点组成，这些节点分别负责网络的输入、连接、处理以及输出。神经网络被广泛应用于分类、聚类和预测等诸多领域。神经网络模型是由人工神经元(节点)相互连接而成的，网络中的神经元可以分成三类：输入神经元、隐藏神经元和输出神经元。神经网络中的神经元是相互连接的。不同神经元之间的连接作用的强弱被称为节点的连接权重，如果连接权重大于零，神经元将处于兴奋状态；否则，神经元将处于抑制状态。输入神经元负责接收输入信息，输入信息越大，激发效果越强。网络中的奖励值因神经网络的转移函数和权重不同而变化，在隐藏神经元(或输出神经元)处，会对所有激励值求和，再将它作为传递函数的输入进行处理，处理过程随着隐藏神经元的连接顺序而进行，到达输出节点时停止。最终可以利用输出神经元的结果对数据进行分类。

神经网络模型的优势包括：① 可以检测因变量和自变量之间的非线性关系；② 可以利用算法的并行化实现对大数据集的高效训练；③ 神经网络属于无参数模型，能够避免参数估计过程中产生的错误。算法的主要不足是容易陷入局部最优，一次得不到全局最优解，同时算法训练时间过长，有可能导致过度适应。

可以使用 R 语言中的 neuralnet 包训练得到神经网络模型，借助 neuralnet 包我们能够生成一个多层感知器实现回归分析，R 还提供了许多灵活的函数训练前向神经网络，接下来将绍如何使用 neuralnet 包训练得到神经网络模型，过程如下：

(1) 导入 iris 数据集，并将数据集分割成训练集和测试集两部分，代码如下：

```
> data("iris")
> ind=sample(2, nrow(iris), replace = T, prob = c(0.7, 0.3))
> trainset=iris[ind==1, ]
> testset=iris[ind==2, ]
```

(2) 安装和导入 neuralnet 包：

```
> install.packages("neuralnet")
> library(neuralnet)
```

(3) 根据数据集在 Species 列取值的不同，为训练集新增 setosa、virginica、versicolor 数据列，代码如下：

```
> trainset$setosa=trainset$Species=="setosa"
> trainset$virginica=trainset$Species=="virginica"
> trainset$versicolor=trainset$Species=="versicolor"
```

(4) 调用 neuralnet 函数创建一个包含 3 个隐藏层的神经网络，训练结果有可能随机发生变化，所以得到的结果可能不同。然而可以通过在开始时指定 seed 值使得每次训练返回相同的值，代码如下：

```
>network=neuralnet(versicolor+virginica+setosa~Sepal.Length+Sepal.Width+Petal.Length+Petal.
Width, trainset, hidden = 3)
> network
```

运行结果如下：

```
$call
neuralnet(formula = versicolor + virginica + setosa ~ Sepal.Length +
    Sepal.Width + Petal.Length + Petal.Width, data = trainset,
    hidden = 3)

$response
   versicolor virginica setosa
2     FALSE     FALSE    TRUE
5     FALSE     FALSE    TRUE
6     FALSE     FALSE    TRUE
8     FALSE     FALSE    TRUE
9     FALSE     FALSE    TRUE
10    FALSE     FALSE    TRUE
11    FALSE     FALSE    TRUE
12    FALSE     FALSE    TRUE
13    FALSE     FALSE    TRUE
14    FALSE     FALSE    TRUE
16    FALSE     FALSE    TRUE
18    FALSE     FALSE    TRUE
19    FALSE     FALSE    TRUE
21    FALSE     FALSE    TRUE
22    FALSE     FALSE    TRUE
23    FALSE     FALSE    TRUE
24    FALSE     FALSE    TRUE
25    FALSE     FALSE    TRUE
26    FALSE     FALSE    TRUE
27    FALSE     FALSE    TRUE
28    FALSE     FALSE    TRUE
29    FALSE     FALSE    TRUE
31    FALSE     FALSE    TRUE
33    FALSE     FALSE    TRUE
34    FALSE     FALSE    TRUE
--
```

(5) 输出构建好的神经网络模型的结果矩阵 result.matrix：

> network$result.matrix

运行结果如下：

```
error                        1.703821468022311
reached.threshold            0.008940656121112
steps                     7327.000000000000000
Intercept.to.1layhid1      -13.422827460354933
Sepal.Length.to.1layhid1    -1.961731000959122
Sepal.Width.to.1layhid1     -2.431731244102505
Petal.Length.to.1layhid1     4.461897041751496
Petal.Width.to.1layhid1      6.202134039965978
Intercept.to.1layhid2       16.782938294699420
Sepal.Length.to.1layhid2     0.071169518322914
Sepal.Width.to.1layhid2     26.845204910296385
Petal.Length.to.1layhid2   -22.069590400375361
Petal.Width.to.1layhid2    -44.733014646701079
Intercept.to.1layhid3        2.076089966994759
Sepal.Length.to.1layhid3     0.314360194842280
Sepal.Width.to.1layhid3      0.488073451883750
Petal.Length.to.1layhid3    -0.714352692800703
Petal.Width.to.1layhid3     -1.231120313746481
Intercept.to.versicolor      1.463923586634535
1layhid.1.to.versicolor     -1.324707264186206
1layhid.2.to.versicolor     -0.812391795922116
1layhid.3.to.versicolor     -0.664046797876858
Intercept.to.virginica      -0.463646415101244
1layhid.1.to.virginica       1.324730680560939
1layhid.2.to.virginica      -0.186835246770409
1layhid.3.to.virginica       0.663207898381212
Intercept.to.setosa         -0.000006610947163
1layhid.1.to.setosa          0.000004037914803
1layhid.2.to.setosa          0.999996886070341
1layhid.3.to.setosa          0.000009900324136
```

(6) 调用 head 函数，返回 network 模型的权重的第一项：

> head(network$generalized.weights[[1]])

运行结果如下：

```
          [,1]          [,2]          [,3]          [,4]          [,5]
2   -2.821111487  -4.380038135    6.410699002   11.048242635   -3.302207559
5    1.374146396   2.133490145   -3.122612833   -5.381532321    1.256408803
6   17.430826397  27.062980067  -39.609842399  -68.263873746    8.531034127
8    8.298624090  12.884386144  -18.857808852  -32.499676935    5.513756398
9   -1.132970777  -1.759042619    2.574564905    4.437022929   -1.180215982
10 -18.061541906 -28.042224627   41.043081496   70.733927919  395.681162748
          [,6]          [,7]          [,8]          [,9]         [,10]
2   -5.126984561    7.503942612   12.932346172    1.8944961142    2.941381498
5    1.950691575   -2.855065705   -4.920439770   -2.0415633066   -3.169716992
6   13.245224367  -19.385937852  -33.409858103    7.1648162269   11.124043858
8    8.560619901  -12.529470317  -21.593374959   12.4721909335   19.364236922
9   -1.832395198    2.681924996    4.622048052    0.9720124761    1.509139822
10 614.331827492 -899.146611828 -1549.595432686    4.0699225120    6.318933396
          [,11]         [,12]
2    -4.305056502   -7.419363823
5     4.639252264    7.995319069
6   -16.281341751  -28.059375715
8   -28.341829928  -48.844503508
9    -2.208802963   -3.806666155
10   -9.248499504  -15.938927296
```

以上过程探讨了如何训练神经网络。首先，将 iris 数据集分成训练集和测试两部分，然后安装 neuralnet 包，并将其导入到一个 R 会话中；接着将符合 Species 列上取值的数据处理成新增的 setosa、virginica、versicolor 三列；然后调出 neuralnet 函数训练 network 模型。在此过程中，除了指明类标号(setosa、virginica、versicolor)和函数中训练属性，还规定了每层隐藏神经元的个数为 3。

从输出结果可知，整个训练只有 11 063 步，终止条件为误差函数的绝对导数小于 0.01(在 threshold 有说明)，误差估算值的计算采用 AIC(Akaike Information Criterion)准则。读者可以调用 result.matrix 输出已构建好的神经网络模型的估计权值来了解这些输出的详细内容。从输出结果可知，模型的权值范围为 -18~24.4；第一层隐含网络的截距分别为 1.69、1.41、24.4，该层有两个隐藏神经元，权重预测值分别为 0.95(Sepal.Length)、-7.22(Sepal.Width)、1.79(Petal.Length)、9.94(Petal.Width)。最后，可以确定包含泛化权值在内的训练后的神经网络模型的参数信息，这些权值反映了不同协变量相互作用的结果。本样例训练模型由 4 个协变量(Sepal.Length、Sepal.Width、Petal.Length、Petal.Width)组合得到的 12 个泛化权值，分别对应三个类别(setosa、virginica、versicolor)。

6.2.2　可视化由 neuralnet 包得到的神经网络模型

在 neuralnet 包内，除了可以调用 plot 函数对模型进行可视化展示外，还可以调用 gwplot 函数展示泛化权值。接下来就探讨这两种函数的使用方法。在此之前需准备一个训练好的神经网络模型 network，然后执行以下操作，完成对神经网络和泛化权值的可视化展示。

(1) 调用 plot 函数对训练好的神经网络进行可视化展示：

> plot(network)

运行结果如图 6-7 所示。

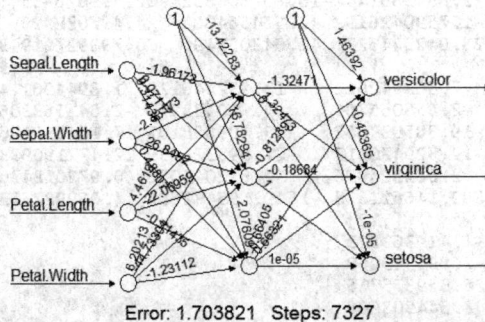

图 6-7　调用 plot 函数绘制训练好的神经网络模型

(2) 调用 gwplot 函数绘制泛化权值：

```
> library(neuralnet)
> par(mfrow=c(2, 2))
> gwplot(network, selected.covariate="Sepal.Length")
> gwplot(network, selected.covariate="Sepal.Width")
> gwplot(network, selected.covariate="Petal.Length")
> gwplot(network, selected.covariate="Petal.Width")
```

运行结果如图 6-8 所示。

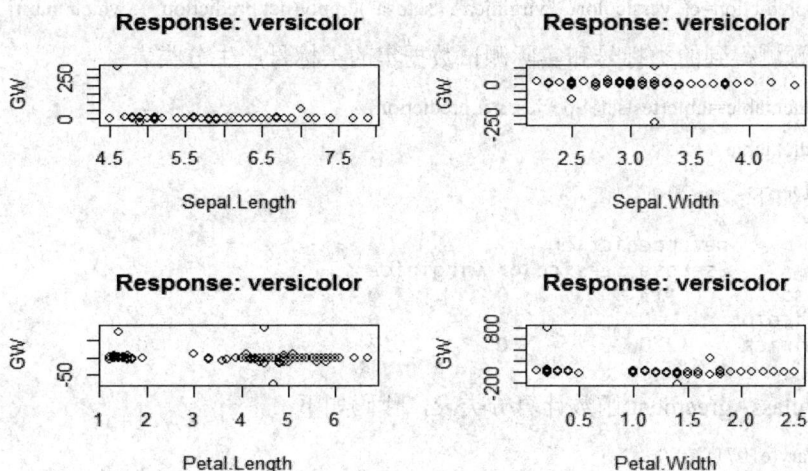

图 6-8　调用 gwplot 函数绘制泛化权值

　　以上过程展示了如何绘制已训练好的神经网络模型以及每个属性的泛化权值。如图 6-7 中所示，图形显示了神经网络模型的拓扑结构图，也包括预测的权值、截距和训练过程的基本信息。在图的底部，可以获得模型的整体误差和收敛需要的步数。

　　图 6-8 是泛化权值图，四个子图分别展示了四个协变量 Sepal.Length、Sepal.Width、Petal.Length 和 Petal.Width 对 versicolor 的响应。如果图中所示的所有泛化权值都接近于 0，则说明协变量对分类结果影响不大；若总体方差大于 1，则意味着协变量对分类结果存在非线性影响。

6.2.3　基于 neuralnet 包得到的模型实现类标号预测

　　我们也可以像使用其他分类方法一样，利用已经训练好的神经网络模型对新观测值的类标号进行预测，然后再通过混淆矩阵来评测这些神经网络的性能。接下来将介绍如何使用神经网络的 compute 函数获得测试数据集的类标号的概率矩阵，结合混淆矩阵和分类表对模型预测性能进行评估。在此之前需要完成前述操作获得训练数据集 trainset 和测试数据集 testset，然后将训练得到的神经网络模型存入 network，然后执行以下操作来实施对已训练的神经网络模型的预测性能的评测。

(1) 基于一个已经训练好的神经网络和测试集 testset 生成相关的预测概率矩阵：

```
> net.prediction=compute(network, testset[-5])$net.result
```

(2) 通过找到概率最大的那一列得到其他可能的类别：

```
> net.prediction=c("versicolor", "virginica", "setosa")[apply(net.prediction, 1, which.max)]
```

(3) 根据预测得到的类标号和实际测试数据集的类标号产生分类表：

```
> predict.table=table(testset$Species, net.prediction)
> predict.table
```

运行结果如下：

```
          net.prediction
           setosa versicolor virginica
setosa       15         0          0
versicolor    0        14          0
virginica     0         0         12
```

(4) 调用 classAgreement 函数计算分类表，代码如下：

```
> library(e1071)
> classAgreement(predict.table)
```

运行结果如下：

```
$diag
[1] 1

$kappa
[1] 1

$rand
[1] 1

$crand
[1] 1
```

(5) 调用 confusionMatrix 函数评测预测性能：

```
> confusionMatrix(predict.table)
```

运行结果如下：

```
Confusion Matrix and Statistics

            net.prediction
            setosa versicolor virginica
  setosa        15          0          0
  versicolor     0         14          0
  virginica      0          0         12

Overall Statistics

               Accuracy : 1
                 95% CI : (0.914, 1)
    No Information Rate : 0.3659
    P-Value [Acc > NIR] : < 2.2e-16

                  Kappa : 1
 Mcnemar's Test P-Value : NA

Statistics by Class:

                     Class: setosa Class: versicolor Class: virginica
Sensitivity                 1.0000            1.0000           1.0000
Specificity                 1.0000            1.0000           1.0000
Pos Pred Value              1.0000            1.0000           1.0000
Neg Pred Value              1.0000            1.0000           1.0000
Prevalence                  0.3659            0.3415           0.2927
Detection Rate              0.3659            0.3415           0.2927
Detection Prevalence        0.3659            0.3415           0.2927
Balanced Accuracy           1.0000            1.0000           1.0000
```

以上展示了使用 neuralnet 包训练神经网络模型进行类标号预测的过程。首先,调用 compute 函数,根据训练好的神经网络和测试数据集生成输出概率矩阵,为了实现从概率矩阵到类标号的转换,还需调用 which.max 函数找到每一个观测值对应概率最大的标号列作为该观测值的类标号。接下来,根据测试数据集本身的实际类标号和预测类标号产生分类表。然后调用 classAgreement 函数计算分类表并调用 confusionMatrix 函数对神经网络模型的预测性能进行评估。

6.2.4　利用 nnet 包训练神经网络模型

R 语言还提供了另一个能够处理人工神经网络的算法包 nnet,该算法包可以实现传统的前馈反向传播神经网络算法的功能。前面介绍的 neuralnet 包实现了大部分神经网络算法,接下来将探讨利用 nnet 包来训练神经网络模型。这里将不使用前面的 trainset 和 testset 数据集,需重新装载 iris 数据集,然后执行以下操作完成利用 nnet 包训练神经网络模型。

(1) 安装并导入 nnet 包:

> install.packages("nnet")

> library(nnet)

(2) 将数据集分成训练集和测试集，代码如下：

```
> data("iris")
> ind=sample(2, nrow(iris), replace = T, prob = c(0.7, 0.3))
> trainset=iris[ind==1, ]
> testset=iris[ind==2, ]
```

(3) 使用 nnet 包训练神经网络，代码如下：

```
> iris.nn=nnet(Species~., data=trainset, size=2, range=0.1, decay=5e-4, maxit=200)
```

运行结果如下：

```
# weights:  19
initial  value 109.329057
iter  10 value 41.872195
iter  20 value 7.765813
iter  30 value 7.025863
iter  40 value 6.909680
iter  50 value 6.835340
iter  60 value 6.663281
iter  70 value 6.537265
iter  80 value 5.665722
iter  90 value 5.465192
iter 100 value 5.048207
iter 110 value 4.978427
iter 120 value 4.945540
iter 130 value 4.937840
iter 140 value 4.928494
iter 150 value 4.924399
iter 160 value 4.922755
iter 170 value 4.922309
iter 180 value 4.921877
iter 190 value 4.921539
iter 200 value 4.921381
final  value 4.921381
stopped after 200 iterations
```

(4) 调用 summary 函数输出训练好的神经网络信息：

```
> summary(iris.nn)
```

运行结果如下：

```
options were - softmax modelling  decay=5e-04
 b->h1 i1->h1 i2->h1 i3->h1 i4->h1
  8.35   0.26   1.37  -1.76  -3.34
 b->h2 i1->h2 i2->h2 i3->h2 i4->h2
 -0.28  -0.54  -1.98   3.05   1.50
 b->o1 h1->o1 h2->o1
  2.80   5.20 -10.06
 b->o2 h1->o2 h2->o2
 -6.66   6.82   6.32
 b->o3 h1->o3 h2->o3
  3.86 -12.01   3.75
```

以上展示了使用 nnet 包训练神经网络模型的过程。在使用 nnet 包训练神经网络时应在应用函数时设置分类规则、数据源、隐藏单元个数(size 参数)、初始随机数权值(rang 参数)、权值衰减参数(decay 参数)和最大迭代次数(maxit 参数)。在样例中，maxit 参数设置为 200，整个训练过程会一直重复至拟合准则值和衰减项收敛。最后，使用 summary 函数输出已建好的神经网络的信息，通过这些信息，可知该模型为一个拥有 19 个权值的 4-2-3 网络结构，另外可从底部页面的信息知道在节点之间权值转移的变化情况。

6.2.5　基于 nnet 包得到的模型实现类标号预测

前面我们使用 nnet 包训练得到一个神经网络，接下来将探讨如何利用该神经网络对测试数据集的类标号进行预测以及使用 caret 包生成混淆矩阵对模型性能进行评估。在此需要按照前述说明处理 iris 数据集，将其划分成训练集 trainset 和测试数据集 testset 两部分，并将训练好的神经网络存放在 iris.nn 中，然后执行以下操作完成对已训练好神经网络预测数据的类标号。

(1) 使用模型 iris.nn 完成测试数据集的预测：

```
> iris.predit=predict(iris.nn, testset, type = "class")
```

(2) 基于测试数据集的预测结果以及实际类标号产生分类表，代码如下：

```
> nn.table=table(testset$Species, iris.predit)
> nn.table
```

运行结果如下：

```
          iris.predit
          setosa versicolor virginica
setosa        19          0         0
versicolor     0         14         0
virginica      0          0        18
```

(3) 对分类表得到混淆矩阵，代码如下：

```
> library(caret)
> confusionMatrix(nn.table)
```

运行结果如下：

```
Confusion Matrix and Statistics

                iris.predit
                setosa versicolor virginica
    setosa         19          0          0
    versicolor      0         14          0
    virginica       0          0         18

Overall Statistics

                    Accuracy : 1
                      95% CI : (0.9302, 1)
        No Information Rate : 0.3725
        P-Value [Acc > NIR] : < 2.2e-16

                       Kappa : 1
    Mcnemar's Test P-Value : NA

Statistics by Class:

                    Class: setosa Class: versicolor Class: virginica
Sensitivity              1.0000           1.0000           1.0000
Specificity              1.0000           1.0000           1.0000
Pos Pred Value           1.0000           1.0000           1.0000
Neg Pred Value           1.0000           1.0000           1.0000
Prevalence               0.3725           0.2745           0.3529
Detection Rate           0.3725           0.2745           0.3529
Detection Prevalence     0.3725           0.2745           0.3529
Balanced Accuracy        1.0000           1.0000           1.0000
```

可以像使用其他分类算法一样,我们也可以利用 nnet 包训练得到神经网络模型来预测数据的类标号。首先使用 predict 函数对测试数据集 testset 的类标号进行预测,在调用 predict 函数时,我们明确了 type 参数为 class,因此输出的是预测的类标号而非概率矩阵。接下来,调用 table 函数根据预测结果和 testset 的实际类标号生成分类表。最后利用建立的分类表使用 caret 包中的 confusionMatrix 方法对训练好的神经网络的预测性能进行评估。

习　　题

从相应网站上获取肝脏损害数据,通过 neuralnet 函数生成一个神经网络。使用惠普公司提供的 span 数据集(kernlab 功能包的一部分),先加载数据,后用 svm 函数生成 SVM 模型。

第7章 模型评估

为了确保模型能够对未知对象进行正确预测，需要对模型性能进行评估，避免模型可能存在的过度适应问题。我们可以利用 caret、rminer 和 rocr 这样的算法包来评估模型性能以防止过度适应问题。对模型性能进行评估有助于得到更优化的模型，以便准确预测未知数据。

本章将探讨使用简单的 R 脚本和 R 算法包(如 caret 和 rminer)评估模型性能。

7.1 k 折交叉验证

7.1.1 基于 k 折交叉验证方法评测模型性能

k 折交叉验证方法能够解决过度适应问题，因此被广泛应用于分类器性能评测领域。k 折交叉验证方法不需要使用整个数据集，它会将数据集分成训练集和测试集两部分。这样，基于训练集得到的模型就可以通过测试集来完成性能评测。重复执行完 n 次 k 折交叉验证后，就能根据 n 次检验的平均准确率实现对模型性能的真实评估。接下来就详细内容实施 k 折交叉验证的过程。在此将使用 telecom churn 数据集作为数据源来训练支持向量机，然后执行以下操作，完成对 telecom churn 数据集的交叉验证。

(1) 调用 cut 函数将索引分成 10 折：

```
> ind=cut(1:nrow(churnTrain), breaks = 10, labels = F)
```

(2) 使用 for 循环执行 10 折交叉验证，重复 10 次，代码如下：

```
> accuracies=c()
> for (i in 1:10) {
+    fit=svm(churn~., churnTrain[ind!=i, ])
+    predictions=predict(fit, churnTrain[ind==i, !names(churnTrain)%in%c("churn")])
+    correct_count=sum(predictions==churnTrain[ind==i, c("churn")])
+    accuracies=append(correct_count/nrow(churnTrain[ind==i, ]), accuracies)
+ }
```

(3) 输出准确率：

> accuracies

运行结果如下：

```
[1] 0.9341317 0.8948949 0.8978979 0.9459459 0.9219219 0.9281437 0.9219219 0.9249249
[9] 0.9189189 0.9251497
```

(4) 调用 mean 函数计算平均准确率：

> mean(accuracies)

运行结果如下：

```
[1] 0.9213852
```

以上介绍了使用简单脚本实现 10 折交叉验证的过程。首先调用 cut 函数得到一个 10 折的索引，然后使用 for 循环执行一个 10 遍的 10 折交叉验证。在循环中，首先将其中 9 折作为训练集并应用 SVM 训练模型，然后再使用训练得到的模型去预测剩下数据(测试集)的类标号，再根据正确预测类别的总和计算预测准确率，这样，循环将得到 10 个准确率。最后调用 mean 函数计算预测的平均准确率。

如果要用 k 折交叉验证评估其他模型的性能，只需要简单替换模型参数变量的名称即可。例如，用 10 折交叉验证来评估朴素贝叶斯分类模型性能，只需要把原来为的调用函数 svm 改为 navieBayes 即可，代码如下：

```
> for (i in 1:10) {
+    fit=naiveBayes(churn~., churnTrain[ind!=i, ])
+    predictions=predict(fit, churnTrain[ind==i, !names(churnTrain)%in%c("churn")])
+    correct_count=sum(predictions==churnTrain[ind==i, c("churn")])
+    accuracies=append(correct_count/nrow(churnTrain[ind==i, ]), accuracies)
+ }
```

7.1.2　利用 e1071 包完成交叉验证

除了可以用 loop 函数实现 k 折交叉验证外，还可以利用 e1071 包提供的 tuning 函数(例如 tune.nnet、tune.randomForest、tune.rpart、tune.svm 和 tune.knn)获取最小误差值。接下来将探讨如何使用 tune.svm 进行 k 折交叉验证得到优化的分类模型。在此将继续使用 telecom churn 数据集作为输入数据源进行 10 折交叉验证。

执行以下操作实施交叉验证以找到最小估计误差：

(1) 调用 tune.svm 函数处理训练集 trainset，优化控制参数设置为 10 折交叉验证(如果系统报错，请先清空工作区，重启 R 并重装 e1071)，代码如下：

```
> rm(list=ls())
> library(e1071)
> library(C50)
> data(churn)
```

(2) 删除 state、area_code 和 account_length 属性(这三个属性对分类特征没有贡献)，然后将 70%的数据放在训练数据集中，30%的数据放在测试数据集中，代码如下：

```
> churnTrain=churnTrain[, !names(churnTrain)%in%c("state", "area_code", "account_length")]
> ind=sample(2, nrow(churnTrain), replace = T, prob = c(0.7, 0.3))
> trainset=churnTrain[ind==1, ]
> testset=churnTrain[ind==2, ]
> tuned=tune.svm(churn~., data=trainset, gamma =10^-2, cost = 10^2,
            tunecontuol=tune.control(cross = 10))
```

(3) 调用 summary 函数得到模型 tuned 的特征信息：

```
> summary(tuned)
```

运行结果如下：

Error estimation of 'svm' using 10-fold cross validation: 0.08230292

(4) 获得 tuned 模型的性能细节：

```
> tuned$performances
```

运行结果如下：

```
    gamma cost      error dispersion
1   0.01   100 0.08230292 0.02759014
```

(5) 使用优化后的模型产生分类表，代码如下：

```
> svmfit=tuned$best.model
> table(churnTrain[, c("churn")], predict(svmfit))
```

运行结果如下：

```
      yes   no
yes   232  103
no     15 1935
```

R 语言提供了各种各样的函数来建立和评估模型，因此不用我们自己再重复设计函数评测模拟的模型。以上过程使用了 tune.svm 函数对 SVM 模型进行了优化，函数的数据集、gamma 参数、cost 参数以及优化控制技术都事先确定好。其中，tune.control 参数设置为 cross=10，即在模型优化过程中使用 10 折交叉验证。优化过程最终将返回最小估计误差、预测性能细节以及优化过程中的最优模型，因此能够得知参数调优后算法性能的变化，并利用优化模型产生分类表。

7.1.3　利用 caret 包完成交叉检验

caret(分类和回归训练)包提供了很多用于解决回归和分类训练问题的函数，与 e1071 包一样，caret 包也提供了执行 k 折交叉验证的函数。接下来将探讨如何使用 caret 包完成 k 折交叉验证。在此将继续使用 telecom churn 数据集作为输入数据源来完成 k 折交叉验证。

执行以下操作，使用 caret 包完成 k 折交叉验证：

(1) 设置训练控制参数，进行重复 3 次的 10 折交叉验证，代码如下：

```
> library(caret)
> control=trainControl(method = "repeatedcv", number = 10, repeats = 3)
```

(2) 调用 rpart 函数处理 telecom churn 数据集产生分类模型：

```
> model=train(churn~., data=trainset, method="rpart", preProcess="scale", trControl=control)
```

(3) 查看模型的输出信息：

```
> model
```

输出结果如下：

```
CART

2285 samples
  16 predictor
   2 classes: 'yes', 'no'

Pre-processing: scaled (16)
Resampling: Cross-Validated (10 fold, repeated 3 times)
Summary of sample sizes: 2057, 2057, 2057, 2056, 2056, 2056, ...
Resampling results across tuning parameters:

  cp          Accuracy    Kappa
  0.07910448  0.8764384   0.3525138
  0.08358209  0.8628770   0.2448769
  0.09253731  0.8554368   0.1456447

Accuracy was used to select the optimal model using the largest value.
The final value used for the model was cp = 0.07910448.
```

以上展示了使用 caret 包进行 k 折交叉验证的过程。首先，对训练控制参数进行了设置，选择执行 3 遍 10 折交叉验证，重复的 k 折交叉验证的过程也被称为重复 k 折交叉验证，常用于检验模型的稳定性。如果模型稳定，将获得类似的测试结果。接下来，调用 rpart 方法处理训练数据集，此时先对数据集进行中心化和标准化的预处理，再选择与前述方法相同的配置进行模型训练。训练完成后，模型输出 3 次重复采样的结果，其中，cp 值为 0.07910448 的模型准确率最高(0.8764384)，因此被认为是分类最优模型。

7.2　变量重要性排序

7.2.1　利用 caret 包对变量重要性程度排序

对于监督学习模型，可以通过改变输入值，比较给定模型输出效果的变化敏感程度来评估不同特征对模型的重要性。接下来将展示如何使用 caret 包给变量重要性排序。在此需要完成前述章节的相关操作，将匹配的 rpart 对象存放在变量 model 中，然后执行以下操作，使用 caret 包完成对变量重要性的排序。

(1) 调用 varImp 函数评估变量重要性：

> importance=varImp(model, scae=F)

> importance

运行结果如下：

```
rpart variable importance

                                  overall
total_day_minutes                 100.00
total_day_charge                   91.27
number_customer_service_calls      81.78
international_planyes               65.06
number_vmail_messages              33.68
voice_mail_planyes                 33.68
total_intl_minutes                 12.33
total_eve_charge                   11.48
total_eve_minutes                  11.48
total_night_charge                  0.00
total_night_minutes                 0.00
total_eve_calls                     0.00
total_intl_charge                   0.00
total_night_calls                   0.00
total_intl_calls                    0.00
total_day_calls                     0.00
```

(2) 调用 plot 函数绘制变量重要性图：

> plot(importance)

运行结果如图 7-1 所示。

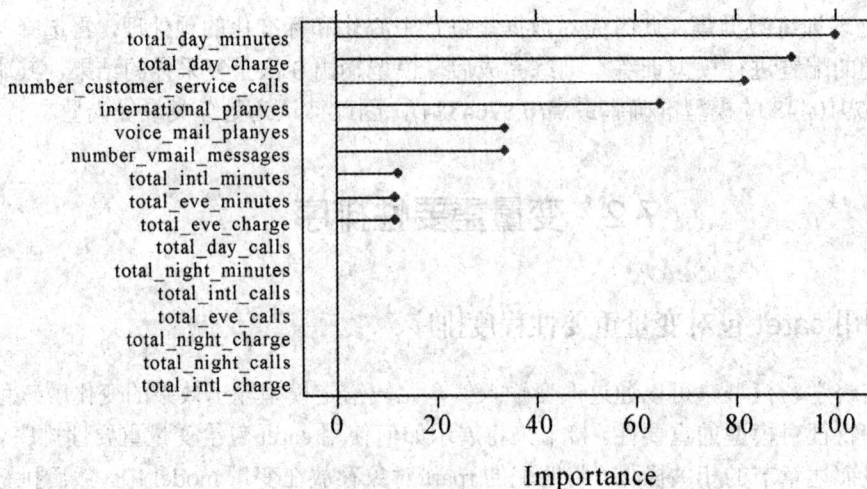

图 7-1　变量重要性图(1)

以上过程首先使用了 varImp 函数来取得变量重要性和特征信息，从整体输出可以获得每个属性的敏感度测试；然后对变量重要性进行排序分级，从图 7-1 所示结果可知 total_day_minutes 属性从敏感度而言，是重要性最高的变量。

在 rpart 包中从训练模型中产生的对象也包含变量重要性，可以借助输出查看变量的重要性，代码如下：

```
> library(rpart)
> model.rp=rpart(churn~., trainset)
> model.rp$variable.importance
```

运行结果如下：

```
       total_day_charge           total_day_minutes
            111.068323                  111.068323
number_customer_service_calls       total_intl_minutes
             61.673753                   54.373485
       total_intl_charge            total_eve_charge
             52.116060                   47.223218
       total_eve_minutes            international_plan
             47.223218                   45.538619
       total_intl_calls          number_vmail_messages
             39.236765                   25.662888
        voice_mail_plan             total_night_charge
             23.806046                    9.396315
      total_night_minutes             total_day_calls
              9.396315                    4.726974
        total_eve_calls            total_night_calls
              4.384502                    2.500000
```

7.2.2 利用 rminer 包对变量重要程度排序

除了可以使用 caret 包来判别变量的重要性外，还可以使用 rminer 包来完成相同的任务。接下来将探讨如何使用 rminer 包来分析一个训练好的模型中变量的重要性。在此将继续使用 telecom churn 数据集作为输入数据源来进行变量重要性排序。

执行以下操作使用 rminer 包对变量重要性排序。

(1) 安装和导入 rminer 包：

```
> install.packages("rminer")
> library(rminer)
```

(2) 利用训练数据集建立 svm 模型：

```
> model=fit(churn~., trainset, model="svm")
```

(3) 使用 Importance 函数获取变量重要性：

```
> variableImportance=Importance(model, trainset, method="sensv")
```

(4) 绘制根据变量排序后的变量重要性图，代码如下：

```
> L=list(runs=1, sen=t(variableImportance$imp), sresponses=variableImportance$sresponses)
> mgraph(L, graph = "IMP", leg = names(trainset), col="gray", Grid = 10)
```

运行结果如图 7-2 所示。

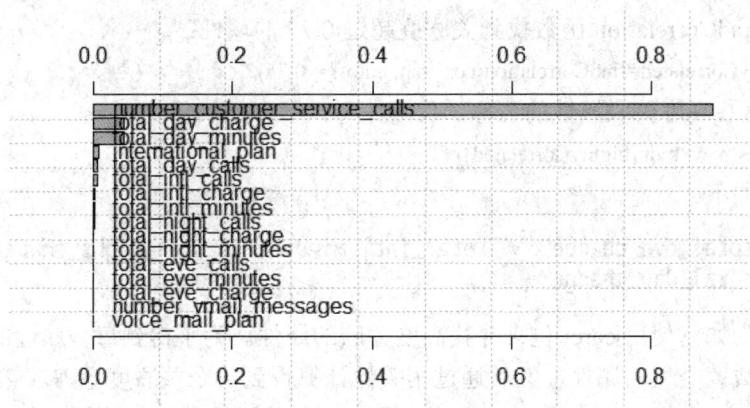

图 7-2　变量重要性图(2)

以上过程展示了如何利用 rminer 包得到分类模型中变量的重要性信息。首先在训练数据集 trainset 上训练得到一个 SVM 模型，然后再调用 Importance 函数基于敏感度检测对变量重要性进行分级，最后再使用 mgraph 函数绘制变量重要性分级图。

与 caret 算法包得到的结果类似，基于敏感度检测得到的最重要的变量依然是 number_customer_service_calls。

7.3　特　征　选　择

7.3.1　利用 caret 包找到高度关联的特征

在执行回归或分类操作之前，如果能够提前去掉某些高度关联的属性，训练模型的性能则会更好。caret 算法包中的 findCorrelation 函数可以用来找到相互高度关联的属性，接下来将介绍如何借助 caret 包来找到那些高度关联的属性。在此继续利用 telecom churn 数据集作为找到高度关联特征的输入数据源。

执行以下操作找到高度关联的属性：

(1) 去掉非数值类型的属性。

```
>new_train=trainset[, !names(churnTrain)%in%c("churn", "international_plan",
                        "voice_mail_plan")]
```

(2) 计算每个属性之间的关联度：

```
> cor_mat=cor(new_train)
```

(3) 调用 findCorrelation 函数找到关联度超过 0.75 的属性：

```
> highlyCorrelated=findCorrelation(cor_mat, cutoff = 0.75)
```

(4) 输出这些高度关联属性的名称，代码如下：

```
> names(new_train[highlyCorrelated])
```

输出结果如下：

```
[1] "total_eve_charge"    "total_intl_minutes" "total_night_charge"
[4] "total_day_charge"
```

以上过程为如何使用 caret 包来寻找高度关联的属性。为了得到每个属性的相关值，需要先去掉非数值类型的属性，然后通过相关性计算得到一个关联度矩阵，然后将关联度阈值设定为 0.75，通过 findCorrelation 函数挑选那些高度关联的属性，最后输出那些高度关联(相关系数大于 0.75)的属性名称，包括"total_eve_charge" "total_intl_minutes" "total_night_charge"和"total_day_charge"。可以考虑去掉一些高度关联的属性，保留一两项属性获得更高的准确率。

7.3.2 利用 caret 包选择特征

特征选择方法可以挑选出那些预测误差最低的属性子集，有助于判断究竟应该使用哪些特征才能建立一个精确的模型。在 caret 包中有一个递归特征排除函数 rfe，它能够自动挑选出符合要求的特征。本节说明如何使用 caret 包进行特征筛选，并继续利用 telecom churn 数据集作为特征选择的输入数据源。

执行以下操作，完成特征选择。

(1) 将训练数据集 trainset 中名为 international_plan 的特征转换为 intl_yes 和 intl_no，代码如下：

```
>intl_plan=model.matrix(~trainset.international_plan-1, data=data.frame(trainset$international_plan))
>colnames(intl_plan)=c("trainset.international_planno" = "intl_no",
                       "trainset.international_planyes" = "intl_yes")
```

(2) 将训练数据集 trainset 中名为 voice_mail_plan 的特征转换为 voice_yes 和 voice_no，代码如下：

```
>voice_plan=model.matrix(~trainset.voice_mail_plan-1,
                         data=data.frame(trainset$voice_mail_plan))
>colnames(voice_plan)=c("trainset.voice_mail_planno"="voice_no",
                        "trainset.voice_mail_planyes" = "voice_yes")
```

(3) 去掉 international_plan 和 voice_mail_plan 这两个属性，将训练数据集 trainset 和 intl_plan、voice_plan 这两个数据框合并，代码如下：

```
> trainset$international_plan=NULL
> trainset$voice_mail_plan=NULL
> trainset=cbind(intl_plan, voice_plan, trainset)
```

(4) 将测试数据集 testset 中名为 international_plan 的特征转换成 intl_yes 和 intl_no，代码如下：

```
>intl_plan=model.matrix(~testset.international_plan-1,
                        data=data.frame(testset$international_plan))
>colnames(intl_plan)=c("test.international_planno"="intl_no",
                       "testset.international_planyes"="intl_yes")
```

(5) 将测试数据集 testset 中名为 voice_mail_plan 的特征转换为 voice_yes 和 voice_no，

代码如下：

```
> voice_plan=model.matrix(~testset.voice_mail_plan-1,
                    data=data.frame(testset$voice_mail_plan))
>colnames(voice_plan)=c("testset.voice_mail_planno"="voice_no",
                    "testset.voice_mail_planyes"="voice_yes")
```

（6）去掉 international_plan 和 voice_mail_plan 这两列，将测试数据集 testset 和 intl_plan、voice_plan 这两个数据框合并，代码如下：

```
> testset$international_plan=NULL
> testset$voice_mail_plan=NULL
> testset=cbind(intl_plan, voice_plan, testset)
```

（7）使用线性判别分析方法来创建一个特征筛选算法，代码如下：

```
> ldaControl=rfeControl(functions = ldaFuncs, method = "cv")
```

（8）利用编号 1 到 18 的数据子集对训练数据集 trainset 进行反向特征筛选，代码如下：

```
> ldaProfile=rfe(trainset[, !names(trainset)%in%c("churn")], trainset[, c("churn")],
            sizes = c(1:18), rfeControl = ldaControl)
> ldaProfile
```

运行结果如下：

```
Recursive feature selection

Outer resampling method: Cross-Validated (10 fold)

Resampling performance over subset size:

 Variables Accuracy  Kappa AccuracySD KappaSD Selected
         1   0.8534 0.0000   0.001968 0.00000
         2   0.8534 0.0000   0.001968 0.00000
         3   0.8451 0.2473   0.013218 0.04088
         4   0.8451 0.2473   0.013218 0.04088
         5   0.8503 0.2666   0.011594 0.06365
         6   0.8512 0.2721   0.014117 0.07900
         7   0.8503 0.2703   0.015498 0.08022
         8   0.8530 0.2762   0.013697 0.07883
         9   0.8530 0.2750   0.012707 0.06801
        10   0.8530 0.2752   0.013195 0.06662
        11   0.8543 0.2824   0.013045 0.06925
        12   0.8543 0.2865   0.011105 0.06329
        13   0.8551 0.2924   0.011578 0.06971
        14   0.8534 0.2826   0.009754 0.05568
```

```
15    0.8529 0.2728    0.011967 0.06674
16    0.8556 0.2815    0.011723 0.06356          *
17    0.8547 0.2840    0.011075 0.05913
18    0.8547 0.2845    0.012664 0.05880

The top 5 variables (out of 16):
   total_day_charge, total_day_minutes, intl_yes, intl_no, number_customer_service_call
s
```

(9) 调用 plot 函数绘制选择结果示意图，代码如下：

```
> plot(ldaProfile, type=c("o", "g"))
```

运行结果如图 7-3 所示。

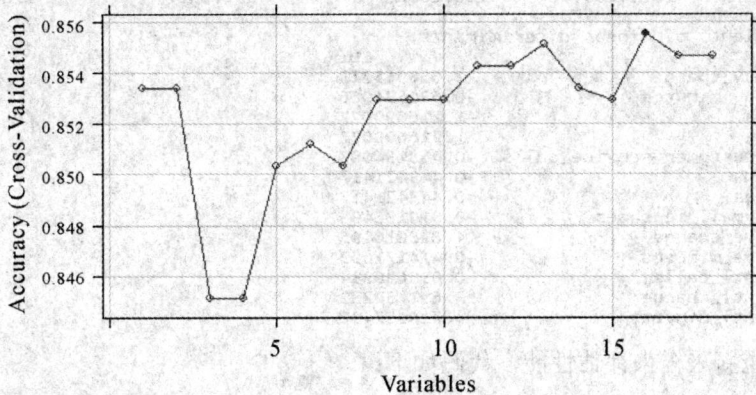

图 7-3　特征选择结果示意图

(10) 检测最佳的变量子集，代码如下：

```
> ldaProfile$optVariables
```

运行结果如下：

```
[1] "total_day_charge"              "total_day_minutes"
[3] "intl_yes"                      "intl_no"
[5] "number_customer_service_calls" "voice_no"
[7] "voice_yes"                     "number_vmail_messages"
[9] "total_eve_charge"              "total_eve_minutes"
[11] "total_intl_calls"             "total_intl_charge"
[13] "total_intl_minutes"           "total_day_calls"
[15] "total_night_minutes"          "total_night_charge"
```

(11) 检测合适的模型：

```
> ldaProfile$fit
```

运行结果如下：

```
call:
lda(x, y)

Prior probabilities of groups:
      yes        no
0.1466083 0.8533917

Group means:
    total_day_charge total_day_minutes    intl_yes    intl_no
yes         34.92412          205.4328  0.30149254  0.6985075
no          29.76954          175.1119  0.06307692  0.9369231
    number_customer_service_calls   voice_no voice_yes number_vmail_messages
yes                      2.238806  0.8358209 0.1641791              4.976119
no                       1.433846  0.7051282 0.2948718              8.606667
    total_eve_charge total_eve_minutes total_intl_calls total_intl_charge
yes         17.99045          211.6499         4.229851          2.899433
no          16.99493          199.9374         4.520513          2.738713
    total_intl_minutes total_day_calls total_night_minutes total_night_charge
yes           10.73642        101.6209            205.4878           9.247134
no            10.14159        100.2846            201.0302           9.046426

Coefficients of linear discriminants:
                                       LD1
total_day_charge                3.658965273
total_day_minutes              -0.630534066
intl_yes                       -1.216699027
intl_no                         1.216699027
number_customer_service_calls  -0.453134097
voice_no                       -0.443421417
voice_yes                       0.443421417
number_vmail_messages          -0.010125435
total_eve_charge                4.828016495
total_eve_minutes              -0.414171692
total_intl_calls                0.035629334
total_intl_charge             -17.691752231
total_intl_minutes              4.714057430
```

(12) 通过重新采样来评估性能，代码如下：

```
> postResample(predict(ldaProfile, testset[, !names(testset)%in%c("churn")]), testset[, c("churn")])
```

运行结果如下：

```
 Accuracy     Kappa
0.8377863 0.2161763
```

以上过程介绍了如何使用 caret 包来完成特征的筛选。由于数据集包含了因子编码属性，所以首先调用 model.matrix 函数将这些因子编码属性转换成多个二元属性，如将 international_plan 属性转换成 intl_yes 和 intl_no 以及将 voice_mail_plan 属性转换成 voice_yes 和 voice_no。

然后，将训练方法设置为交叉验证方法，同时调用了 rfeControl 函数完成线性判别分析，调用递归特征选择函数 rfe 以及控制函数 ldaFuncs 来执行特征选择。还可以通过函数 rfe 在重复采样子集和筛选后的特征集基础上再次评估模型的性能，并输出特征选择的结果。

我们能够根据所得到的模型基本信息来绘制变量个数与预测准确率之间的关联示意图，从图 7-3 可知，当变量个数等于 16 时，得到的模型预测准确率最高。另外，也可以获得模型中最合适的变量子集(变量总数为 12)。最后, 计算得到了重复采样后数据集的预测准确率为 0.8378, kappa 检测的结果为 0.2162。

7.4 模型的性能评估

7.4.1 评测回归模型的性能

通过计算预测值和实际值之间的差值大小可以评估回归模型预测性能的优劣, 常用的误差评测标准包括均方差误差(root mean square error, RMSE)、相对平方差(relative square error, RSE)以及可决系数(R-square)。本节将介绍如何计算一个回归模型的以上误差值。在此需使用 Quartet 数据集, 该数据集包括了四个回归数据集, 均可以作为输入数据源。

执行以下操作, 完成对回归模型误差的评测:

(1) 从 car 算法包中导入 Quartet 数据集。

```
> install.packages("car")
> library(car)
> data("Quartet")
```

(2) 使用 lm 函数绘制属性 y3 随 x 的变化图, 代码如下:

```
> plot(Quartet$x, Quartet$y3)
> lmfit=lm(Quartet$y3~Quartet$x)
> abline(lmfit, col="red")
```

执行结果如图 7-4 所示。

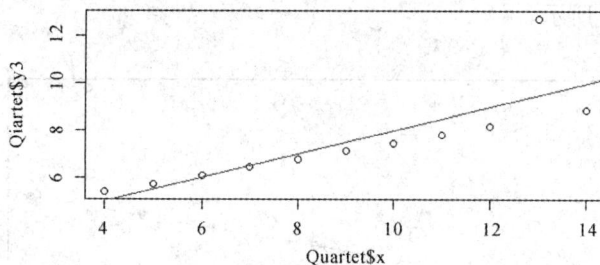

图 7-4 线性回归结果示意图

(3) 调用 predict 函数得到预测结果:

```
> predicted=predict(lmfit, newdata=Quartet[c("x")])
```

(4) 计算两者的均方根误差，代码如下：

```
> actual=Quartet$y3
> rmse=(mean((predicted-actual)^2))^0.5
```

运行结果如下：

```
[1] 1.118286
```

(5) 运行相对平方差，代码如下：

```
> mu=mean(actual)
> rse=mean((predicted-actual)^2)/mean((mu-actual)^2)
> rse
```

运行结果如下：

[1] 0.333676

(6) 计算模型的 R-Square 值，代码如下：

```
> rsquare=1-rse
> rsquare
```

运行结果如下：

[1] 0.666324

(7) 调用 MASS 算法包的 rlm 函数重新计算属性 y3 的值，并调用 plot 函数绘制结果图，代码如下：

```
> library(MASS)
> plot(Quartet$x, Quartet$y3)
> rlmfit=rlm(Quartet$y3~Quartet$x)
> abline(rlmfit, col="red")
```

运行结果如图 7-5 所示。

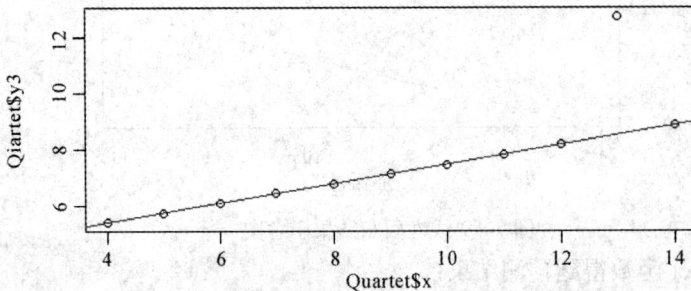

图 7-5　用模糊线性回归处理 Quartet 数据集的结果图

(8) 调用 predict 函数求预测结果：

```
> predicted=predict(rlmfit, newdata=Quartet[c("x")])
```

(9) 计算预测值和实际值之间的均方根误差，代码如下：

```
> actual=Quartet$y3
> rmse=(mean((predicted-actual)^2))^0.5
> rmse
```

计算结果如下：

[1] 1.279045

(10) 计算两者之间的相对平方根误差，代码如下：

```
> mu=mean(actual)
> rse=mean((predicted-actual)^2)/mean((mu-actual)^2)
> rse
```

计算结果如下：

[1] 0.4365067

(11) 计算模型的 R-Square 值，代码如下：

```
> rsquare=1-rse
> rsquare
```

计算结果如下：

[1] 0.5634933

回归模型的测评可通过计算预测值和实际值间的差值来完成，我们经常使用均方根误差、相对平方误差以及可决系数做为三种常用的回归模型误差评估标准。本节首先将 car 算法包中 Quartet 数据集导入到会话中，然后使用 lm 函数来拟合线性模型，并且在 x-y 变量的散点图中添加回归线。接着调用了 predict 函数来进行回归预测，并计算得到已建好的模型 RMSE、RSE 和 R-Square 值。

由于数据集在 x = 13 时出现了一个异常值，则需要量化该异常值点对整个模型预测结果的影响。为此，首先使用 MASS 算法包的 rlm 函数得到一个回归模型，与前述模型的处理步骤类似，我们又得到该模型的 RMSE、RSE 和 R-Square 值。从输出结果看，用 lm 方法建立的模型其 RMSE、RSE 和 R-Square 值要低于用 rlm 方法建立的模型的值，而 R-Square 值的比较显示 lm 建立的模型拥有更高的预测能力。当然，在实际操作中，我们要首先去掉 x = 13 这个异常值。以上算法的比较说明数据的异常值有可能带来性能评测方面的偏差，并有可能误导我们选择错误的模型。

7.4.2　利用混淆矩阵评测模型的预测能力

对分类模型进行性能评估，可以基于预测结果和实际分类结果产生一个分类表，然后基于混淆矩阵来获得如模型的精确度、召回率、特异性以及准确率等性能指标。接下来将探讨如何使用 caret 包来生成混淆矩阵。在此将继续使用 telecom churn 数据集作为样例数据集。

执行以下操作得到一个分类性能评价。

(1) 基于训练数据集训练得到一个 SVM 模型：

```
> library(caret)
> svm.model=train(churn~., trainset, method="svmRadial")
```

(2) 使用训练好的 svm.model 进行预测，代码如下：

```
> svm.pred=predict(svm.model, testset[, !names(testset)%in%c("churn")])
```

(3) 生成分类表：

```
> table(svm.pred, testset[, c("churn")])
```

运行结果如下：

```
svm.pred yes  no
     yes  75  13
     no   73 887
```

(4) 基于测试数据集的预测结果和实际类标号生成混淆矩阵，代码如下：

```
> confusionMatrix(svm.pred, testset[, c("churn")])
```

运行结果如下：

```
Confusion Matrix and Statistics

          Reference
Prediction yes  no
       yes  75  13
       no   73 887

               Accuracy : 0.9179
                 95% CI : (0.8996, 0.9338)
    No Information Rate : 0.8588
    P-Value [ACC > NIR] : 2.675e-09

                  Kappa : 0.5927
 Mcnemar's Test P-Value : 1.990e-10

            Sensitivity : 0.50676
            Specificity : 0.98556
         Pos Pred Value : 0.85227
         Neg Pred Value : 0.92396
             Prevalence : 0.14122
         Detection Rate : 0.07156
   Detection Prevalence : 0.08397
      Balanced Accuracy : 0.74616

       'Positive' Class : yes
```

以上展示了如何使用混淆矩阵评估分类模型的性能的过程。首先使用 caret 包的 train 函数训练得到一个 SVM 模型，然后再使用 predict 函数来预测测试数据集的类标号，并通过调用 table 函数基于预测结果和实际类标号产生模型的分类表，最后再使用同样是 caret 包提供的 confusionMatrix 函数生成混淆矩阵完成分类模型的性能评估。

7.4.3　利用 ROCR 评测模型的预测能力

受试者工作特征曲线(Receiver Operating Characteristic，ROC)是一种常见的二元分类系统性能展示图形，在曲线上分别标注了不同切点的真正率和假正率。我们通常会基于 ROC 曲线计算处于曲线下方的面积 AUC(Area Under Curve)，并以此面积来衡量相应分类模型的性能。接下来就将展示如何使用 ROC 曲线和计算得到的 AUC 来评估一个分类模型的性能。在此将继续使用 telecom churn 数据集作为样例数据集。

执行以下操作，产生两个不同代价的分类实例。

(1)　安装和导入 ROCR 算法包：

```
> install.packages("ROCR")
> library(ROCR)
```

(2)　使用 probability 参数为 TRUE 的训练数据集得到一个 SVM 模型：

```
> library(e1071)
> svmfit=svm(churn~., trainset, prob=T)
```

(3)　基于训练好的模型对测试数据集进行预测，同样将 probability 参数设置为 TRUE，代码如下：

```
> pred=predict(svmfit, testset[, !names(testset)%in%c("churn")], prob=T)
```

(4)　得到标号为"yes"的概率：

```
> pred.prob=attr(pred, "probabilities")
> pred.to.roc=pred.prob[, 2]
```

(5)　使用 prediction 函数产生预测结果：

```
> pred.rocr=prediction(pred.to.roc, testset$churn)
```

(6)　使用 performance 函数来完成性能评估：

```
> perf.rocr=performance(pred.rocr, measure = "auc", x.measure = "cutoff")
> perf.tpr.rocr=performance(pred.rocr, "tpr", "fpr")
```

(7) 调用 plot 函数绘制 ROC 曲线，代码如下：

```
> plot(perf.tpr.rocr, colorize=T, main=paste("AUC:", (perf.rocr@y.values)))
```

运行结果如图 7-6 所示。

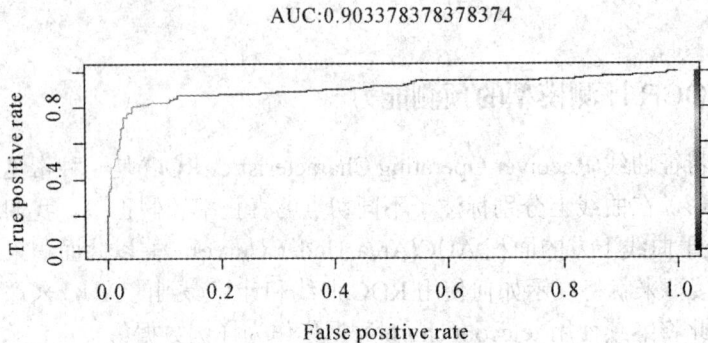

图 7-6　SVM 分类器的 ROC 曲线示意图

以上对如何生成 ROC 曲线来解释一个二元分类器性能的过程进行了探讨。首先，需要安装和导入 rocr 库，然后调用 e1071 包的 svm 函数训练得到一个分类模型，然后使用模型对测试数据进行类别预测。接下来，使用预测函数(来自 rocr 包)获得预测结果，再使用性能评估函数计算真正率和假正率，最后采用 plot 函数绘制模型的 ROC 曲线图，并将其 AUC 值标注在图上。样例的 AUC 值为 0.90，说明了 svm 分类器对 telecom churn 数据集的分类效果不错。

7.4.4　利用 caret 包比较 ROC 曲线

在前述内容中，我们探讨了多种分类算法，每种算法都有其优缺点，因此当面对具体问题应该选择哪种算法最合适时，首先必须能够对不同预测模型的性能进行评估。为了简化这个比较过程，可以使用 caret 包来生成并比较不同的模型及其性能。接下来将探讨如何利用 caret 包提供的函数对同一个数据集基于不同算法建立的模型进行性能比较。在此将继续使用 telecom churn 数据集作为输入数据源。

执行以下操作，生成每一个模型的 ROC 曲线。

(1) 安装和导入 pROC 库：

```
> install.packages("pROC")
> library(pROC)
```

(2) 将训练控制方法设置为 10 折交叉验证，代码如下：

```
>control=trainControl(method="repeatedcv", number=10, repeats=3, classProbs=T,
                      summaryFunction = twoClassSummary)
```

(3) 使用 glm 函数在训练集上训练一个分类器：

```
> glm.model=train(churn~., trainset, method="glm", metric="ROC", trControl=control)
```

(4) 使用 svm 函数在训练数据集上训练一个分类器：

```
> svm.model=train(churn~., trainset, method="svmRadial", metric="ROC", trControl=control)
```

(5) 使用 rpart 函数查看 rpart 在训练数据上的运行情况：

```
> rpart.model=train(churn~., trainset, method="rpart", metric="ROC", trControl=control)
```

(6) 使用不同的已训练好的模型分别进行预测，代码如下：

```
> glm.probs=predict(glm.model, testset[, !names(testset)%in%c('churn')], type="prob")
> svm.probs=predict(svm.model, testset[, !names(testset)%in%c('churn')], type="prob")
> rpart.probs=predict(rpart.model, testset[, !names(testset)%in%c('churn')], type="prob")
```

(7) 生成步骤(3)、(4)、(5)中 3 个模型的 ROC 曲线，其命令与执行结果分别为：

```
>glm.ROC=roc(response=testset[, c("churn")], predictor=glm.probs$yes,
             levels=levels(testset[, c("churn")]))

> glm.ROC


call:
roc.default(response = testset[, c("churn")], predictor = glm.probs$yes,    levels = l
evels(testset[, c("churn")]))

Data: glm.probs$yes in 148 controls (testset[, c("churn")] yes) > 900 cases (testset[,
c("churn")] no).
Area under the curve: 0.8092


>svm.ROC=roc(response=testset[, c("churn")], predictor=svm.probs$yes,
             levels=levels(testset[, c("churn")]))

> glm.ROC


call:
roc.default(response = testset[, c("churn")], predictor = glm.probs$yes,    levels =
evels(testset[, c("churn")]))

Data: glm.probs$yes in 148 controls (testset[, c("churn")] yes) > 900 cases (testset[,
c("churn")] no).
Area under the curve: 0.8092
> svm.ROC

call:
roc.default(response = testset[, c("churn")], predictor = svm.probs$yes,    levels =
evels(testset[, c("churn")]))

Data: svm.probs$yes in 148 controls (testset[, c("churn")] yes) > 900 cases (testset[,
c("churn")] no).
Area under the curve: 0.9045
```

```
> rpart.ROC=roc(response=testset[, c("churn")], predictor = rpart.probs$yes,
                levels = levels(testset[, c("churn")]))

> rpart.ROC

Call:
roc.default(response = testset[, c("churn")], predictor = rpart.probs$yes,    levels =
 levels(testset[, c("churn")]))

Data: rpart.probs$yes in 148 controls (testset[, c("churn")] yes) < 900 cases (testset[
, c("churn")] no).
Area under the curve: 0.3756
```

将三条曲线绘制在同一图形中：

```
> plot(glm.ROC, type="S", col="red")

> plot(svm.ROC, add=TRUE, col="green")

> plot(rpart.ROC, add=TRUE, col="blue")
```

运行结果如图 7-7 所示。

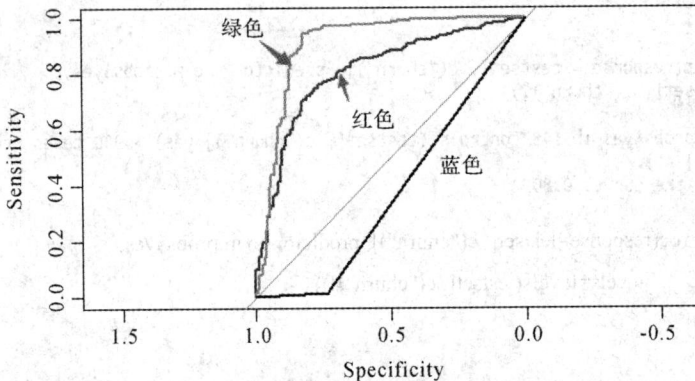

图 7-7　三种分类器性能的 ROC 曲线图

以上将不同分类器模型的 ROC 曲线绘制在同一个图中进行性能比较。首先，设置训练过程的控制参数为重复三次的 10 折交叉验证，模型性能评估参数设置为 twoClassSummary，然后再分别使用 glm、svm、rpart 三种不同的分类方法建立分类模型，并分别利用构建好的模型进行类别预测，再根据预测结果绘制相应的 ROC 曲线图。从图 7-7 可知，基于 svm(绿色)方法训练得到的分类模型 ROC 曲线的 AUC 值最大，为 0.9233。从步骤(7)中的图可以明确显示，svm 对训练数据集的预测结果(未调优)是三种分类算法中效果最好的。

7.4.5　利用 caret 包比较模型性能差异

在前述内容中，我们介绍了生成模型的 ROC 曲线的方法，并将不同模型的 ROC 曲线绘制在一个图中。除了使用 ROC 曲线外，我们还可以通过重复采样的方法得到每一个匹配模型的统计信息(包括 ROC 曲线、灵敏度和特异性)，然后再基于这些统计信息来比较不同模型的性能差异。接下来将探讨如何使用 caret 包来比较模型间的性能差异。在此需要完成 7.1.2 节的相关操作，准备好 glm 分类模型、svm 分类模型和 rpart 分类模型，并分别存放在 glm.model、svm.model 和 rpart.model 中，然后完成以下操作，以评测不同模型的差异。

(1)　对三个训练好的模型进行重复采样，代码如下：

```
> cv.values=resamples(list(glm=glm.model, svm=svm.model, rpart=rpart.model))
> summary(cv.values)
```

运行结果如下：

```
Call:
summary.resamples(object = cv.values)

Models: glm, svm, rpart
Number of resamples: 30

ROC
            Min.   1st Qu.    Median      Mean   3rd Qu.      Max. NA's
glm    0.7700078 0.7981695 0.8208145 0.8212316 0.8435932 0.8891997    0
svm    0.8144796 0.8837481 0.9087024 0.9044671 0.9309955 0.9908314    0
rpart  0.5000000 0.5965035 0.6704248 0.6514960 0.7176094 0.7524133    0

Sens
            Min.   1st Qu.    Median      Mean   3rd Qu.      Max. NA's
glm   0.05882353 0.1764706 0.2121212 0.2151218 0.2406417 0.3333333    0
svm   0.42424242 0.5334225 0.6060606 0.5957813 0.6666667 0.7272727    0
rpart 0.00000000 0.2121212 0.3132799 0.3079917 0.4242424 0.5000000    0

Spec
            Min.   1st Qu.    Median      Mean   3rd Qu.      Max. NA's
glm   0.9435897 0.9641026 0.9692308 0.9688889 0.9794872 0.9948718    0
svm   0.9538462 0.9692308 0.9743590 0.9777778 0.9846154 1.0000000    0
rpart 0.9333333 0.9705128 0.9794872 0.9767521 0.9846154 1.0000000    0
```

(2)　使用 dotplot 函数绘制重复采样在 ROC 曲线度量中的结果，代码如下：

```
> dotplot(cv.values, metric = "ROC")
```

运行结果如图 7-8 所示。

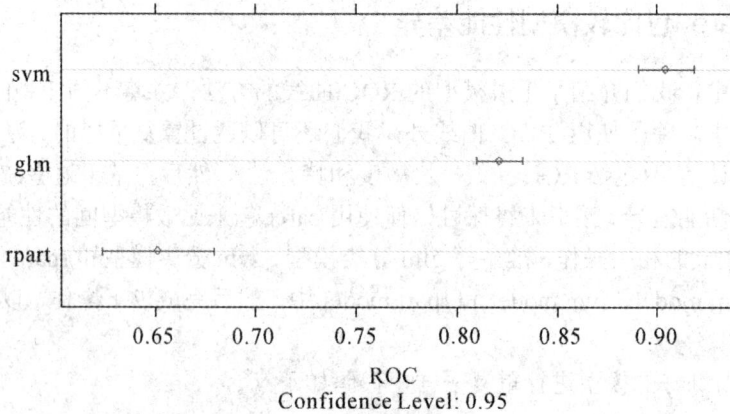

图 7-8　重复采样结果的 ROC 点图

(3) 绘制重复采样结果的箱线图，代码如下：

```
> bwplot(cv.values, Layout=c(3, 1))
```

运行结果如图 7-9 所示。

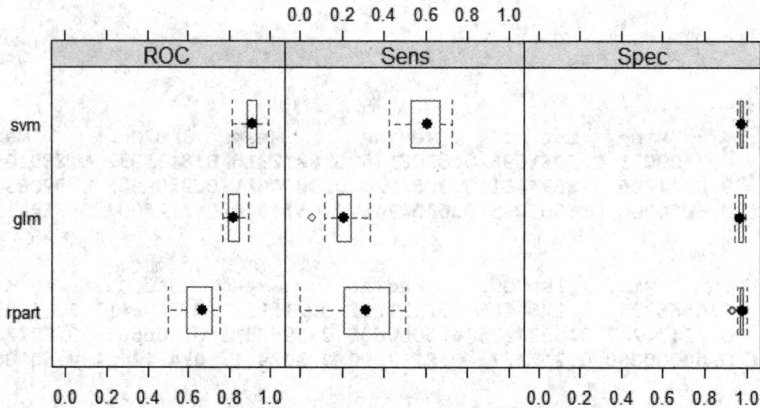

图 7-9　重复采样结果的箱线图

　　以上展示了使用重复采样方法来比较分类模型性能的结果的过程。首先，调用 resamples 函数来生成各模型的统计信息(glm.model、svm.model 和 rpart.model)；再调用 summary 函数输出三个模型的 ROC、灵敏度和特异性的统计信息；然后分别调用 dotplot 方法处理重复采样后的结果来观察不同模型 ROC 的差异；最后，采样箱线图在同一张图上对重复采样结果在 ROC、灵敏度和特异性方面的差别进行了区分比较。

习 题

1. 在本书的网站上下载 Titanic 数据集 train.csv 和 test.csv，使用 R 语言函数将数据文件导入 R 环境中，并查看数据集的结构信息。

2. 查找 Titanic 数据中 NA 项，使用不同的方法处理缺失值。如果需要预测一位乘客能否幸存，哪一种处理方法更好？为什么？

3. 提取 Titanic 数据中各数值型变量的描述性统计特征，并画出相应图形。

4. 使用 table()函数，比较 survived 和 pclass 两个变量的关系。如果希望预测乘客是否幸存，变量 pclass 是否有价值？为什么？

5. 选择你认为最有价值的变量来预测 survived，使用决策树、训练模型预测结果，并对模型进行评价。

6. 使用决策树解决 ggplot2 包中 diamonds 数据集的 price 预测问题。

7. 使用随机森林实现题 6，比较并分析题 6 中的结果和随机森林的应用效果。

附 录 习 题 库

　　附录中列出的练习可帮助读者理解和掌握相关知识，也可帮助授课人评估学生的学习情况。练习一中的问题在学完每一章可以很快确定。练习二至四处理几个大数据集的分析结果：Jank(2011)的 8 个数据集、William(2011)的 3 个数据集，以及来自 ACM 知识发现与数据挖掘兴趣小组举办的年度挖掘和知识发现竞赛的几组数据集。上述数据集可用于练习第 2 章以及后续章节讨论的建模工具。回归、回归树和 LASSO 方法可以预测连续型结果的测量值，预测质量可以通过验证集数据和交叉验证评估。Logistic 回归与多项式 Logistic 回归、分类树、朴素贝叶斯法、最近邻算法和判别分析可以通过分类型结果变量实现观测数据的归类。聚类方法将对象划分到相似组中，一些工具(如主成分分析)有助于降低数据维度。练习五和六中两个较小的数据集针对 Logistic 回归和分类树的应用。练习七中的 8 个案例用于回归、Logistic 回归、多项式 Logistic 回归、判别分析和回归与分析树。这些案例都提供了解决方案，建议读者对这 8 个数据集进行再分析，探索并验证其他可行方法。此外，将学生自由分组，每组研究一个问题，并就问题的解决方案收集相关数据。有练习资料的帮助，学习效果会更好。群组设计和实现大型项目对学生是个挑战，简单的练习无法满足这种需求。基于这些项目的学期论文和答辩也可以用于对学生的学业评估。

练 习 一

　　1. 学完每章，重复章节实例中执行 R 程序的数值结果。对存在不一致的案例，研究其差异。

　　2. 对有良好计算机基础的同学可改进书中网页罗列的 R 程序，使之更高效。

　　3. 对有很好统计知识基础的同学可推敲本书中讨论的算法，检索文献找其他相关案例，用 R 程序代码去分析这些案例。如果发现你的分析结果与给出的不同，可就其差异给出解释。

练 习 二

　　考虑以下来自 Jank(2011)的数据集。

数据 1：研究美国大城市中房屋的特点和价格关系。

HousePrices.csv 数据集包含一个美国大城市中 n=128 所房屋的特点和价格。变量包括 Price(销售价格，美元)、Sqft(尺寸，平方英尺)、Bedrooms(个)、Bathrooms(个)、Offers(房屋在市场上所给出的报价数)、Brick(是否砖结构，是/不是)以及街区(东/北/西/南)。其目的是将销售价格解释成房屋特点的函数。

数据 2：分析直邮销售产品数据，针对顾客特征去解释其花费。

DirectMarketing.sv 数据集的数据来自一个仅通过直邮销售产品的直销人员。他将产品特性目录发给顾客，顾客直接从目录下订单。他还对顾客进行记录，以了解什么原因促使顾客消费。数据集包含 n=1000 个顾客和如下变量：Age(顾客年龄段，老年/中年/青年)、Mar-ried(婚姻状况，单身/已婚)、Location(远/近，与销售相似产品的传统商家的距离)、Salary(顾客年薪，美元)、Children(多少孩子，0~3)、History(购买量历史，低/中/高/NA，NA 表明顾客未曾购买)、Catalogs(已发送的目录数量)、AmountSpent(美元)。目的是就顾客特征去解释 AmountSpent(花费)。

数据 3：针对女性雇员了解是否存在系统性报酬歧视。

GenderDiscrimination.csv 数据集包含 n=208 个人的 Gender(男/女)、Experience(多少年工作经验)和 Salary(年薪，美元)，目标是针对女性雇员了解是否存在系统性报酬歧视。

数据 4：贷款风险研究。

LoadData.csv 数据集罗列了 n=5611 项的贷款结果。数据来自 C2C 信贷市场(借款人上传贷款清单，贷款人基于借款人的贷款利率选择投资)。变量包括：贷款状态(最终收益，贷款是否为当前的、延迟的或拖欠状态)、贷款的信用评级(分类变量，从最好的 AA 评级到最差的高风险 HC 评级)、贷款额(美元)、贷款年限(月)、借款人给出的利率以及负债与收入比率。目标是区分优质贷款和不良贷款，将贷款划分为良性(当前的)、延迟和违约贷款。

数据 5： 研究会计信息与股票收益预测的相关性。

FinancialIndicators.csv 数据集罗列了几个交易所中 n=7112 家公司的财务健康状况指标，目的是研究会计信息与股票收益预测的相关性。财务指标包括：获利能力比率(如毛利润和边际利润)、流动比(如经营成本流动比)、活性比(如库存周转率)以及负债与市场比。分析数据集有助于理解以下事实： ① 财务指标密切相关(多重共线)② 不太容易得到股票价格(或股价波动)与会计信息之间的强相关性。

目标：选用适当的算法分析数据 1~数据 5。可以对数据 1、数据 2 和数据 3 使用回归和回归树；对数据 4 使用如 Logistic 回归和分类树的分类算法；对数据 5 可以考虑降维技术，比如用主成分刻画上市公司的健康状况，也可以将股票收益与会计摘要或前几个主成分建立关联关系。

在建模之前，用数据汇总和图形(如直方图和散点图)展示来刻画数据中蕴含的信息。分层直方图和散点图任何时候都能实现两维以上的数据展示。评估基于数据所建的模型，用交叉分类，将数据划分到两类数据集中：评估集和测试(验证)集。

```
hp < read. csv("DataHousePrices.csv")

hp[1:3, ]

dm<- read.csv("DataDirectMarketing.csv")

dm[1:3, ]

gd<- read. csv("GenderDiscrimination.csv")

gd[1:3, ]

1d <- read. csv("LoanData.csv")

1a[1:3, 1]

fi<-read. csv("FinancialIndicators.csv")

fi[1:3, ]
```

练 习 三

考虑以下来自 Williams(2011)的数据集。

数据 6 和数据 7：根据天气的数据集，分析数据以预测第二天的降雨量和第二天下雨的可能性。

weather.csv 数据集是堪培拉一个气象台一年的观察数据，其中 n=366。weatherAUS.csv 数据集包含来自澳大利亚 4 个气象台 n=36 881 天的观测数据，该气象数据来自澳大利亚联邦气象局。数据已经处理并得到一个二元变量 RainTomorrow(第二天是否有雨，No/Yes)和一个连续(风险)变量 RISK_MM(第二天的雨量记录)。数据集中有以下变量：

Date：观测日期(日期对象)；

Location：气象台的位置；

MinTemp：最小摄氏度；

Evaporation：过去 24 小时(截止到 9:00AM)的 A 级蒸发皿蒸发量(毫米)；

MaxTemp：最大摄氏度；

Rainfall：当天的降雨量(毫米)；

WindGustDir：过去 24 小时(截止到午夜)的最强阵风风向；

Sunshine：当天的日照小时数；

WindGustSpeed：过去 24 小时(截止到午夜)的最强阵风风速(公里/小时)；

WindDir9am：9:00AM 的阵风风向；

WindSpeed9am：9:00AM 之前，每 10 分钟的平均风速(公里/小时)；

WindDir3pm：3:00PM 的阵风风向；

WindSpeed3p3pm：3:00PM 之前，每 10 分钟的平均风速(公里/小时)；

RelHumid9am：在 9:00AM 的相对湿度(百分比)；

RelHumid3pm：在 3:00PM 的相对湿度(百分比)；

Pressure9am：在 9:00AM，相对平均海平面大气压(hpa)；

Pressure3pm：在 3:00PM，相对平均海平面大气压(hpa)；

Cloud9am：在 9:00AM 云层遮挡天空的情况，度量单位为 oktas，记录天空有多少个八分之一单元被云层遮挡。0 表示十分晴朗，8 表示天空完全被云层遮盖；

Cloud3am：在 3:00PM，云层遮挡天空情况，参看 Cloud99am 对值的描述；

Temp9am：在 9:00AM 的温度(℃)；

Temp3pm：在 3:00PM 的温度(℃)；

RainToday：如果在 9:00AM 前 24 小时内的降雨量超过 1 毫米则为整数 1，否则为 0；

RISK_MM：连续变量，所记录的第二天降雨量；

RainTomorrow：二元变量，第二天下雨或不下雨。

目标：分析数据集以预测第二天的降雨量(连续变量)和第二天下雨的可能性(二元变量)。选用适当的工具，如回归与 Logistic 回归、回归与分类树、判别分析、朴素贝叶斯法。基于保留样本检查模型结果。

weather<-read. csv("weather.csv")

weather[1:3,]

weatherAUS<-read. csv("weatherAUs.csv")

weatherAUS[1:3,]

数据 8：audit CsV 是一个人工构造的数据集。

该数据集包含 n=2000 个个人捐税收入特征值。有以下变量：

ID：每个人的唯一标识；

Age：年龄；

Employment：雇佣情况；

Education 教育水平(最高)；

Marital：当前婚姻状况；

Occupation：职业类型；

Income：声明的收入金额；

Gender：性别；

Deduction：在个人的财务报表中的开销；

Hours：周平均工时。

RISK_Adjustment：连续变量，作为生产审计结果，记录个人债权的任何金额调整，该变量度量个人相关风险。

TARGET_Adjusted：分类模型(0/1)中的二元变量，表示生产审计和非生产审计，生产审计导致个人财务报表的调整。

目标：分析数据集，通过提供图表考察数据，以预测二元变量(TARGETAdjusted)和连续变量(RISKAdjustment)。可以尝试利用诸如回归与 Logisticol 回归、回归与分类树的工具来研究。基于保留样本，通过交叉检验来评估模型。

```
audit<- read.csv("Data/audit.csv")
audit[1:3, ]
```

练 习 四

年度挖掘和知识发现竞赛由 ACM 的知识发现与数据挖掘兴趣小组举办，该小组是数据挖掘业界领先的专业组织。该竞赛又名 KDD Cup。网页 http://www.sigkdd.org/kddcup/ 罗列出了以前竞赛的题目，描述了构成问题的目标，提供相关训练数据集和评估数据集的压缩文件。网页中讨论用于评估子任务的度量，并提供已证明的非常有用的方法论。大部分问题都超出了本书的讨论范围，这些问题非常具有挑战性，有些案例有非常多的变量(案例与变量的数量远多于本书中所举例子中的数量)。虽然很难，但其中有一些问题也是相关的，对有良好计算机科学背景的同学而言，应该也很容易理解。

比如 2000 年竞赛的题目是讨论 Gazelle 的点击流和购买数据，Gazelle 是一个针织品的供应商和分销商；1997/1998 年的题目是讨论对直邮的回复以及如何最大化对一个慈善机构的捐赠；以及 2007 年的是给出对 Neflix 电影的评级；2009 年的是讨论客户关系管理问题(CRM)。

对于 1997/1998 年竞赛中的问题，其数据由美国退伍军人协会(PVA)提供，PVA 是一个非营利性组织，为美国脊髓伤残和生病军人提供计划与服务。PVA 拥有超过 1300 万捐赠者的内部数据库，同时也是美国最大的直邮基金发起人之一。研究材料列出了 1997 年 6 月一次筹募资金活动向成千上万的 PVA 捐赠者发送邮件的结果。邮件中包括一份个性化签名的"额外"小礼品和地址标签，外加 10 个摘要卡片与信封。训练数据包括对募捐倡议的回馈(一个指示器显示是否产生了捐赠以及捐赠金额)、数字变量(描述收件人和人口统计信息)以及历史捐赠。分析目标是预测对邮件的反馈，即是否会导致捐赠，如果有则会捐赠多少。该任务涉及分类/判别(预测捐赠是否发生)和回归(预测捐赠额)。推荐算法的性能可以在测试集上评估，其中测试集数据已与评估集数据隔离。

　　cup98doc.txt 中所给问题的信息也可在人邮教育社区中找到。学习集参见 cup98lrn.zip，有 95 412 条数据，每条数据都有 481 个变量。数据字典文件 cup98dic 给出了变量的描述。二元指示器 TARGET Bi TARGET 代表对最近直邮的回复，TARGET_D 表示捐赠金额(美元)，它们都需要预测。变量 CONTROLN 是控制号，允许将 cup98val.zip 中评估数据集的记录连接到 cup98VALtargt.csv 中对 TARGET_B 和 TARGET_D 的真实回复。下载并解压缩这些文件查看相关内容。以逗号分隔的 Excel 文件的压缩文件 (cup98VRN_csv、cpu98VAL_csv.zip 和 cup98 VALtarget.csv)在人邮教育社区中可以找到。解压缩这些文件生成 Excel 文件 cup98LRN.csv 和 cup98VAL.csv，将它们读到 R 程序中(如下)。用训练集训练模型来预测目标值，在评估数据集上评估所产生的预测。

```
## read the data
cup98LRN <- read. csv("cup98LRN. csv")
cup98LRN[1:3, ]
## read the data
cup98VAL <- read.csv( " cup98VAL. csv" )
cup98VAL[1:3, ]
## read the data
cup98VALtargt <- read.csv("cup98VALtargt.csv" )
cup98VALtargt [1:3, ]
```

练 习 五

　　以下数据来自 Higgins Fl 和 Koch(1977)，是对棉花行业工人的一次普查，关注棉尘肺病的发生情况。棉尘肺病又称褐肺病，是一种因为吸入棉尘、亚麻尘、大麻尘和黄麻尘引起气管收缩导致的类哮喘的慢性疾病，是公认的纺织工人职业病。在南、北卡罗来纳州大部分纺织品生产区域，超过 35 000 名纺织工人曾经是棉尘肺病患者，其中 183 名患者于 1979~1992 年去世。

　　下面给出了不同类型的工人中患棉尘肺病(Yes)与未患棉尘肺病(No)数量。协变量是种族(1 白种人，2 其他)、性别(1 男性，2 女性)、吸烟史(1 抽烟者，2 不抽烟者)、在棉花行业工作年限(1 是小于 10 年，2 是 10~20 年，3 是大于 20 年)和工作场所的污染度(1 高，2 中，3 低)。

　　以每组中受影响工人数量的乘积作为因变量，按 5 个变量所有可能的乘积组合被分为 72 组：3(Dust)×2(Race)×2(Sex)×2(Smoker)×3(Employment)。72 组中有 7 个是空值。

数据子集如表 F-1 所示。所给的输出数据(1=Yes，0=No)以及对应的频率(权重)可参见文件 byssinosisWeights.csv。

表 F-1　棉尘肺病患者与未患棉尘肺病的数据

患病	未患病	数量	污染度	种族	性别	吸烟史	工作年限
3	37	40	1	1	1	1	1
0	74	74	2	1	1	1	1
2	258	260	3	1	1	1	1
25	139	164	1	2	1	1	1
.	.	.					
2	340	342	6	1	2	2	3
0	0	0	1	2	2	2	3
0	2	2	2	2	2	2	3
0	3	3	3	2	2	2	3

将输出结果(1=Yes，0=No)及其频率关联到解释变量。将解释变量看作协因子，分析数据：

(1) 调整 Logistic 回归模型，评估它的适当性并解释结果。讨论是否是(或哪个)协变量反映棉肺病的发生情况；

(2) 用分类树预测棉尘肺病的可能性。棉尘肺病是一种相对稀有的疾病，即便是在最恶劣的条件下。解释输出结果，指出何种条件下最有可能患上棉尘肺病。

```
## read the data
bys <- read.csv("byssinosisWeights.csv")
```

练 习 六

以下数据来自 Brown 等人(1983)。数据收集了英国 Bradford 地区 1968~1977 年 13 384 位孕育头胎的孕妇信息(如表 F-2 所示)。数据集包括妊娠期间与毒血症有关的症状信息，包括：高血压、尿蛋白(即尿内出现蛋白质)、同时有高血压与尿蛋白、既没高血压也没尿蛋白，如表 F-2 所示。研究目的是了解抽烟程度和社会阶层是否与毒血症发病率有关，以及与社会阶层的相关程度。两个协变量：社会阶层(1~5)和吸烟数(1 代表无，2 代表 1~19 根香烟/天，3 代表超过 20 根香烟/天)。

表 F-2　孕育头胎的孕妇信息

社会阶层	吸烟数	既有高血压又有尿蛋白	只有尿蛋白	只有高血压	既无高血压也无尿蛋白	合　计
1	1	28	82	21	286	417
1	2	5	24	5	71	105
1	3	1	3	0	13	17
2	1	50	266	34	785	1135
2	2	13	92	17	284	406
2	3	0	15	3	34	52
3	1	278	1101	164	3160	1703
3	2	120	492	142	2300	3054
3	3	6	98	32	283	523
4	1	63	213	52	656	984
4	2	35	129	46	649	859
4	3	7	40	12	163	222
5	1	20	78	23	245	366
5	2	22	74	34	321	451
5	3	7	14	4	65	90

所给的输出数据(1=有症状，0=无症状)以及对应的频数(权重)可参见文件 toxaemiaWeights.csv。分析数据，讨论是否有(或哪个)协变量对毒血症发病有影响。分别研究不同的症状组，找到合适的逻辑模型，将其分类结果与分类树的分析结果进行对比。

按两个解释变量所有可能的乘积组合被分为 15 组：5(Class) × 3(Smoking)，以数量的乘积作为因变量对信息分类。用 R 中的二元 E Logistic 归函数给出输出结果(1=Yes，0=no)及其频率(权重)，以解释变量作为协因子。

```
##read the data
tox<- read.csv(“toxameiaWeights.cvs”)
```

练 习 七

以下 8 个案例用于回归、Logistic 回归判别分析以及回归与分类树，这些案例的目标是预测和分类观察对象，然后分析这 8 个数据集，寻找评估可替代的算法。

案例 1：确定大豆疾病的分类树。

大豆数据集来自 Michalski 和 Chilausky(1980)的论文，被收录在 UCI Machine Learning Re-pository 中。

数据集 soybean15.csv 有 290 种患病大豆的样本。第一列是疾病类型(有 15 种疾病如炭腐病、褐茎腐病、霜霉病等)，后续 35 列包括了描述大豆植物的特性及生长条件的分类因子，每个属性列都给出了与因子水平相对应的名义尺度。目标是用这些属性信息去预测疾病分类。有些属性包含缺失值(在 Excel 文件中为空，在 R 程序中被置为 NA)。在 290 个样本中，有 24 个样本至少有一个属性是缺失值，剩下 266 个样本可用于分析。属性及其值如下所示。

1. date：april, may, june, july, august, September, october, normal, 1t-normal

2. plant-stand: It-norm, norm, gt-norm

3. precip: It-norm, norm, gt-norm

4. temp: It-norm, norm, gt-norm

5. hail: yes,no

6. crop-hist: diff-1st-year, same-1st-yr, sam-yrs, same-Ist-sev-yrs.

7. darea-damaged: scattered, 1ow-areas, upper-areas, whole-fiel

8. severity: minor, pot-severe, severe.

9. seed-tmt: none, fungicide, other.

10. germition: 90-1008, 80-898, 1t-808

11. plant-growth: norm, abnorm.

12. Leaves: norm, abnorm.

13. leafspots-halo: absent, yellow-halos, no-yellow-halos

14. leafspots-marg: w-s-marg, no-w-s-marg, dna

15. leafspot-size：1t-1/8, gt-1/8, dna.

16. leaf-shread: absent, present

17. leaf-malf: absent, present.

18. leaf-mild: absent, upper-surf, lower-sur

19. stem: norm, abnorm.

20. lodging: yes, no.

21. stem-cankers: absent, below-soil, above-soil, a~sec-nde.

22. canker-lesion: d,brown, ak-brown-b1k, tan.

23. fruiting-bodies:absent, present.

24. exterI decay: absent, firm-and -dry, watery.

25. mycelium: absent, present.

26. int-discolor: none, brown, bLack.

27. sclerotia absent, present.

28. fruit-pods: norm, diseased, few-present, dna.

29. fruit spots: absent, colored, brown-w/blk-specks, distort, dna.

30. seed: norm, abnorm.

31. mola-growth: absent, present.

32. seed-discolor: absent, present.

33. seed-size: norm, It-norm.

34. shriveling: absent, present.

35. roots: norm, rotted, galls-cysts.

下面我们给出其 R 程序，并解释其输出结果。其 R 程序也可以在人邮教育社区中找到。

```
library(ares )
## needed to determine the proportion of missing observationslibrary(tree)
##    classification trees
## reading the data
soybean15<-read.csv("soybean15.csv")
soybean15[1:3, ]
## converting the attributes into factors (nominal scale )
##calculating the proportion of missing observationsmiss=dim(36)
for    (j in 1:36){
soybean15[, j] =factor (soybean15[, j])
miss[j]=count . na (soybean15[, j1) $na/length(soybean15[, j])
}
miss
## fifth attribute (presence/absence of hail) has 8.27%missing
## observations
##constructing theclassification tree
soytree<tree(disease~., data=soybean15, mincut=1)soytree
summary(soytree)
plot(soytree, col=8)
text(soytree, digits=2)
## cross-validation to prune the tree.
```

```
set.seed(2)
cvsoy <-cv.tree( soytree, cvsoy$si K=10)
cvsoy$size
```

[1] 19 18 17 16 15 14 13 12 11 9 8 7 6 5 4 3 2 1

```
Cvsoy$sizxe
```

[1]　269.1145　251.0295　248.2929 287.5657 381.4021 463.4245　475.8316

[8]　4873538　526.0126　527.9349　542.4499 550.6483 762 .4923 762. 4923

[15]　862.7270 868 .97651022.9153 1365 .9087

```
plot (cvsoy, pch=21, bg=8, type="p", cex=1.5, ylim=c(0, 1400))
```

图(略)

```
## shows that the tree has many terminal nodes
soycut<- prunetree(soytree, best=17)
soycut
node), split, n, deviance, yval, (prob/omitted)*denotes terminal node
1)root    266   1342.000 alternarialeaf-spot
2)c15: 0, 2121548.400 anthracnose
4)c21: 0 65    231.200 brown--stem-rot
8)c26: 0 40 110.900 bacterial-blight
16)c18:0 3065.920 bacterial-blight
32)c22:0 2027.730 bacterial-blight
64)C14: 0 11.702 bacterial-blightx*
65)c14:190.000 bacterial-pustule*
33)c22: 310 0.000 purple-seed-stain*
17)c18:1100.000 powdery-mildew*
9)c26:1, 225 33.650 brown-stem-rot
18)C26:1150.000 brown-stem-rot*
19)C26:210 0.000 charcoal-rot*
5)c21: 1,2,356150.200 anthracnose
10)c28:0,1 3038.190 anthracnose
20)c29:0,2 20 0.000 anthracnose.*
21)C29: 4100.000 diaporthe-stem-canker*
11)C28:32634.650 phytophthora-rot
22)C12: 0100.000 rhizoctonia-root-rot*
```

23)C12:1 160.000 phytophthora-rot*

3)C15:1 145 449.700 alternarialeaf-spot

6)c1: 0,1,2,3 55134.000 brown--spot

12)C3: 0,114 21.250 phyllosticta-leaf-spot*

13)C3: 24170.480 brown--spot

26)C31: 03640.080 brown-spot*

27)C31: 150.000 downy-mildew*

7)C1: 4,5,690221100 alternarialeaf-spot

14)c19: 0 5485.510 alternarialeaf -spot

28)C31: 0 49 52.190 alternarialeaf -spot

29)c31: 1 5 0.000 downy-mi ldew *

15)C19: 1 36 58.740 frog-eye -leaf-spot

30)C28: 0 12 21.300 brown-spot *

31)C28: 1 24   o.000 frog-eye-leaf-spot*

Summary(soycut)

Classification tree:

snip. tree(tree = soytree, nodes = c(26, 30))Variables actually used in tree construction:

[1] "C15""C21 ""C26""C18""C22""C14""C28"

[8] "C29""C12""C1 ""C3 ""C31 ""C19"Number of terminal nodes: 17

Residual mean deviance: 0.5684 = 141.5 / 249

Misclassification error rate:0.1015 .27 / 266

plot (soycut, col=8)

below we have omitted the text as it is difficult to read

terminal node 31 is the one on the far right of the graph

first split:C15ac (to left) and C15b (to the right)

second split:C1abcd (to left) and C1efg (to right)

thira split:C19a (to left) and C19b (to right)

fourth split:c28a (to left) and C28bcd (to right)

这些属性是一系列基于名义尺度的因子，因子(分类)属性列都用指示变量来表示。我们讲过如何用构造树的方法来分离分类属性，既不创建因子也不将编码变量看作连续值，只按照属性在一个阀值的上或下把组划分开。对编码变量则不能用此方法。

整个错误分类比例大约是 10%，有 17 个终端节点。我们看一下最后那个节点(在节点 31 下列出的节点)。如果一个大豆样本具有属性 C15b(CI5b 表示 C15 列取第 2 个值"1"，即叶斑尺寸>8)、CIefg(Clefg 表示 CI 列取第 5、6、7 个水平，即在 8 月、9 月或 10 月提取的样本)、C19b(CI9b 表示 C19 列取第 2 个水平，即异常茎 F)和 C28bed(C28bed 表 C28 列取第 2、3、4 个水平，即有不正常的豆荚)，则表示为患病的大豆样本。

案例 2：试戴隐形眼镜的分类树。

试戴隐形眼镜的数据集来自 Cendrowska (1987)，可从 UCI 机器学习库获取。变量预测患者应该佩戴硬隐形眼镜还是软隐形眼镜或不戴隐形眼镜。在做出选择时，会用到以下 4 个患者属性值(年龄、眼镜处方、散尘和泪液产生率)来建模(所有的分类数据都基于名义尺度)：

- 年龄：青年/老花眼前期/老花眼
- 眼镜处方：近视眼/远视眼.
- 散光：是/不是
- 泪液产生率：减少/正常

属性的 24 种组合及佩戴隐形眼镜的推荐建议见文件 ContactLens. CSV。以下给出完全树，并给出一个无差错的完美解释。某种程度上的简化树仅有终端节点和两个属性(泪液的产生率和散光)，向泪液分泌减少的患者建议不戴隐形眼镜，对泪液正常分泌且不散光的患者推荐佩戴软隐形眼镜，对泪液分泌正常且散光的患者推荐佩戴硬隐形眼镜。该树错误分类了 24 种可能属性组合中的 3 种。

```
library(tree)
## read the data
ContactLens <- read.csv("ContactLens.csv")
levelslevels (ContactLens[, 1] )  ## age
[1]"pre -presbyopic" "presbyopic"  "young"
levels(ContactLens[, 2])  ## spectacle presription
[1]"hypermetrope" "myope "
levels(ContactLens[, 3]) ## astigmatism
[1] "no "yes "
levels(ContactLens[, 4])  ## tear production rate
[1] "normal"  "reduced"
levels(ContactLens[, 5] ## contact lens
[1] "hard* "none" "soft"
ContactLens
Age SpectaclePrescrip Astigmatism TearProdRate ContactLens
1 young   myope   no   reduced   none
```

2 young myope no normal soft

3 young myope yes reduced none

4 young myope yes normal hard

5 young hypermetrope no reduced none

6 young hypermetrope normal soft

7 young hypermetrope yes reduced none

8 young hypermetrope normal hard

9 pre-presbyopic myope no reduced none

10 pre-presbyopic myope no normal soft

11 pre-presbyopic myope yes reduced none

12 pre-presbyopic myope yes normal hard

13 pre-presbyopic hypermetrope no reduced none

14 pre-presbyopic hypermetrope normal soft

15 pre-presbyopic hypermetrope yes reduced none

16 pre-presbyopic hypermetrope yes normal none

17 presbyopic myope no reduced none

18 presbyopi c myope no normal none

19 presbyopic myope yes reduced none

20 presbyopic myope yes normal hard

21 pre-presbyopic hypermetrope no reduced none

22 prepresbyopic hypermetrope normal soft

23 prepresbyopic hypermetrope yes reduced none

24 prepresbyopic hypermetrope yes normal none

```
## constructing the classification tree that fits the data perfectly
cltree (- tree (ContactLens ~., data . ContactLens, mindev= 0, minsize=1)
cltree
summary(cltree)
plot(cltree, col=8)
text(tltree, digits=2)
```

图(略)

```
##   pruning the tree to get a simpler tree
clcut   <-   prune.tree(cltree, best=3)
clcut
```

```
node), split, n, deviance, yval, (yprob)
*denotes terminal nod
1) root 24 44.120 none ( 0.1667 0.6250 0.2083 )
2)   TearProdRate:normal    12 25.860 soft ( 0.3333 0.2500 0.4167 )
4) Astigmatism:no 6    5.407 soft ( 0.0000 0.1667 0.8333 ) *
5) Astigmatism:yes 6    7.638 hard ( 0.6667 0.3333 0.0000 ) *
3) TearProdRate:reduced 12    0.000 none ( 0.0000 1.0000 0.0000 ) *
summary (c1cut)
Classi fication tree:
snip. tree(tree =cltree, nodes = c(4, 5))
Variables actually used in tree construction:
[1]    "TearProdRate""Astigmatism"
Number of terminal nodes:3
Residual mean deviance:,0.6212 .13.04 / 21
Misclassification errorplotrate:0.125=3/24
Polt (clcut, col=8)
text (clcut)
```

图(略)

对应的 R 程序可以在本书对应的网页中找到。

案例 3：用分类树识别信贷风险。

这是个小数据集，用于评估某些特定贷款的风险。文件 credit. csv 的最后一列表示信贷风险(低/中/高)，由 4 个分类风险预测确定，这 4 个分类预测具有如下属性：

- 信用史：坏、好、未知
- 债务：高、低
- 抵押品：充足、无
- 收入阶层：>35、0~15、15~35

注意完全的因子排列包括 3*2*2*3=36 种属性组合，该数据集只包含 14 种。

```
library(tree )
 ## first we read in the data
credit <- read.csv("credit.csv" )
credit    CreditHist Debt Collateral Income  Risk
 1  badlow none  0-15 high
 2 unknownhigh  none  15-35 high
```

3 unknown low none 15-35 moderate

4 bad low none 0-15 high

5 uniknown low adequate >35 low

6 unknown low none >35 low

7 unknown high none 015 high

8 bad low adequate >35 moderate

9 good low none >35 low

10 good high adequate >35 1ow

11 good high none 0-15 high

12 good high none 15-35 moderate

13 good highnone >35 low

14 badhigh none15-35 high

checsing the ordering ot the nominal categories

credit[, 1]

[11 bad unknown unknown bad unknown unknown uniknown badgood[10] good good good good bad

Levels:bad good unknown

credit[, 2]

[1]low highlow low low low high low 10w high high high high

highLevels:high low

credit[, 3] .

[1] none none none none adequate none none adequate[9]none adequate none none none none

Levels:adequate none

credit[, 4]

[1] 0-15 15-35 15-35 0-15 >35 >35 0-15>35>35 >3 0-1515-35

[13] >35 15-35

Levels:>35 0-15 15-35

credit[, 5]

[1] high high moderate high low low high moderate

[9]low low high moderate 1ow high

Levels:high lowmoderate

constructing the classitication tree that fits the dataperfectly

credittree<- tree(Risk-, data- credit, mindev=0, minsize=1)

credittree

nodel, split, n, deviance, yval, (yprob)

* denotes terminal node

1)root1429.710high(0.42860.35710.2143)

2)Income: >35 6 5.407low(0.00000.83330.1667)

4) CreditHiot:bad 1 0.000 moderate (0.0000 1.00001)*

5) CreditHist:good, unknown 5 0.000 low(0,0000.0000 0)*.

3)Income: 0-15.15-35 　8 　8.997high(0.75000.0000.2500)

6)Income: 0-1540.000high (0.00000.000)*

7Income: 15-3545.545high(0.5000.00000.5000

14) CreditHist: bad10.000high(1.0000.00000.0000)*

15) CreditHist: good , unknowm 　3 　3.819 moderate (0.3333 0.0000.6667)

30) CreditHist: good 10.000 moderate (0.0000 0.0000 1.0000)*

31)CreditHist: unknowm 2 2.773 high(0.5000 0.0000 0.5000)

62)Debt: high10000high(1.0000.0000.0000)*

63)Debt: low10.000 moderate(0.00000.00001.0000)*

summary(credittree)

Classification tree:

tree(formula = Risk ~ ., data = credit, mindev = 0, minsize=2)

Variables actually used in tree construction:

[1] " Income ""CreditHist""Debt"

Number of terminal nodes: 7

Residual mean deviance: 0=0/7

Misclassification error rate:0=0 /14

plot (credittree, col=8)

text (credittree, digits=2)

图(略)

　　分类树解释了如何预测信贷风险。其中有 7 个终端节点和 3 个属性(收入、信用史和债务额)，决策树没有用到抵押品。收入超过 35K(收入阶层 a)、差信用记录(信用史 a)的申请人会有中度信用风险，收入超过 35K(收入阶层 a)、良好或无信用记录(信用史不是 a)的申请人有低信用风险，低收入阶层(收入阶层 b：0～15)申请人往往会带来高信用风险。对中等收入群体(收入阶层 c：15～35)的申请者而言，被划入高风险组(如果债务高)或中风险组(如果债务低)，则取决于有无差信用记录(信用史 b)和无不良信用记录(信用史 c)。

案例 4：用分类树确定肝病发展情况。

hepatitis.csv 的数据来自 Witten 等人(2011)，数据集由 K.Seela、P. Tatavarthy 和 S. Tip-pa 创建，包括对 306 个已确认肝炎患者的肝活检结果。肝活检是评估肝脏疾病的性质及严重程度最有说服力的测试方法，肝活检按严重程度分为三组(I～III)。但肝活检存在一定的风险。如果可能的话，我们更愿意根据无创检测结果判断肝病的发病阶段。患者特点如表 F-3 所示。该练习的目标是通过患者特点预测活检结果(如表 F-3 最后一行所示)。一个好的预测模型可以减少所需肝活检的数量。

表 F-3　患者特点表

No (序列)	Attribute （变量）	Type of Data (数据类型)	Values (值)	Description (描述)
1	Sex	Categorical	0= M，1=F	Gender(性别)
2	DOB DOT	Numeric Numeric	Date Date	Date of birth(出生日期) Date of transmission of disease (疾病传播日期)
4	Route	Categorical	Coc，W，Tx，N，NRF，Tatt，Sex	Route through which disease was transmitted (传播疾病的途径)
5	IV	Categorical	+，-	Intravenous(静脉注射)
6	TX	Categorical	+，-	Blood transfusion(输血)
7	Coc	Categorical	+，-	Usage of cocaine(可卡因的使用)
8	Tatt	Categorical	+，-	Presence of tattoo on the body of patient (病人身上有文身)
9	HBV	Categorical	+，-	Presence of hepatitis Virusin patient (患者存在肝炎病毒)
10	HIV	Categorical	+，-	Presence of HIV infection (艾滋病毒感染情况)
11	EtOH	Categorical	+，-	Alcohol usage by the patient (病人酒精使用情况)
12	Obes	Categorical	+，-	Whether the patient is obese or not (病人是否肥胖)
13	Bx	Categorical	+，-	Treatment, whether patient has been treated (治疗，病人是否接受过治疗)

No (序列)	Attribute (变量)	Type of Data (数据类型)	Values (值)	Description (描述)
14		Categorical	+, -	Presence of any toxic elements (任何有毒元素的存在)
15	CLD	Categorical	+, -	Whether the patient has chronic liver disease (患者是否有慢性肝病)
16	LFt	Categorical	+, -	Whether or not liver function test was done (是否做肝功能检查)
17	YWOD	Numeric		DOT-DOB, years without the disease (多年没有疾病)
18	Age	Numeric		Current age of the patient (病人的当前年龄)
19	Bx	Categorical	I, II, III	Biopsy result, which specifies HepC (指 Hepc 的活检结果)

我们用 Gender、Age、YwD(发病年数、Age-ywod(无病年数))以及 12 个指标变量(5~16 行)去分类表 F-3 中第 19 行的活检结果。我们对变量的选择与 Seela、tata-varthy 和 Tippa 略有不同,修正了几个错误条目。

推荐一个 6 节点 4 个协变量的树:Age 乙肝病毒存在的时间、患者是否饮酒、肝功能当前的检查结果。但基于我们的规则,只有 56%的患者被正确分类。这说明活检还是有必要的。

```
library(tree)
##    data set fromwitten
##    missing data
hepatitis <- read. csv("C: /DataMining/Data/hepatitis.csv")
hepatitis
##calculating YWD=(Age-YWOD)
hepatitis[, 20]=hepatitis, 181-hepatitis[, 17]
colnames(hepatitis)[20]="YWD"
hepatitis[1: 3, ]
## cleaning up the data set
```

```
hh=shepatitis[, c(-2: -4, 17)]
hh[1: 3, ]
##create factors for the categorical variables
for (j in 1:13){
hh[, j]=factor(hh[, j])
}
hh[1:3, ]
levels (hh[, 6])
levels(hh[, 8] )
levels (hh[, 13] )
## constructing the classification treeheptree <- tree(Bx ~., data . hh)heptree
summary (heptree)
plot(heptree, col=8)
text(heptree, digits=2)
## cross-validation to prune the tree
set. seed(2)
 cvhep <- cv.tree (heptree K=10)cvhep$size
cvhep$dev
plot(cvhep, pch=21, bg=8, type="p", cex=1.5, ylim=c(400, 750))
hepcut <- prune. tree (heptree, best=6)
hepcut
1)   root 221 463.80 II ( 0.37557 0. 429860.19457)
2) Age < 62.5 204 429.30 I ( 0.40196 0.40196 o.19608 )
4) HBV:0194401.90II(0.407220.417530.17526)
8) Age < 46.5 66 127.60I ( 0.54545 0.31818 0.13636 )
16)   EtOH: 0 43    73.02   I ( 0.65116 0.25581 0.09302 ) *
17) EtOH: 1 23    48.82 II ( 0.34783 0.43478 0.21739)
34 )   LFT: 0 6    0.00I(1.000000.000000.00000)*
35) LFT: 1 17    31.41 II ( 0. 11765 0. 58824 0.29412 ) *
9) Age > 46.5 128 266.40 II    (0.33594 0.46875 0.19531) *
5) HBV: 1 10    17.96 III ( 0. 30000 0.10000 o. 60000 ) *
3) Age > 62.5 17    23.05 II ( 0 .05882 0. 764710.17647 )*
summary (hepcut)
```

Classification tree:

snip.tree{tree = heptree, nodes = c13, 5. 16)}

Variables actually used in tree construction:

[1] "Age" "HBV" "EtOH" "LFT"

Number of terminal　　nodes :6

Residual mean deviance: 1.915 = 411.8 /215

Misclassification :error rate: 0.4434 = 98 /221

plot (hepcut, col=8)

text (hepcut)

案例 5：用分类树预测劳资谈判的结果。

这是一个与劳资谈判结果相关的数据集(结果是好还是坏基于与劳工方达成的共识)，包含了劳资合同中的一些属性值。这一数据集的文件名为 labor.csv，来自 UC 机器学习库。它包括 57 个来自加拿大的劳资合同，16 种属性和所有的结果(0/1 变量)。数据集里有一些缺失变量，在这样的分类树结构中，忽略有缺失值的变量，将分析集中在以下四类属性：合同期限、合同首年的工资增长、商定的每周工作时数和休假福利待遇的质量(一种名义尺度的分类)。目标是预测合同的整体质量。

从建模结果可看出，在有五个终端节点的分类树中，左边第一棵子树引导出两个相同结果的分类。该子树用周工作时间的长度(38.5 个小时是分界点) 来进行分类，第二个终端节点给出了与第一节点相同的结论。那么这棵子树及其相应的节点和潜在分支就可以剪掉了(分类树剪枝)。经过简化的这棵树会让合同分类误差提高 3/47(或 6.4%)。由此可得出结论：对于那些给出第一年工资低增幅的合同都会被认定为"坏"；第一年工货增幅大且休假福利中等以上的合同都会被认定为"好"；即使第一年工资增幅大，但如果低于平均休假时长和有较长的工时仍然会被认定为"坏"合同。由此可以看出加拿大的劳工是非常珍惜他们空闲时间的。

```
library(tree)
##read the data
labor<- read. csv("C: /DataMining/Data/labor.csv")
labor[1:3, ]
## omit variables with lots of missing valueS
11=Labor[, c(-3:-5, -7:-11, -13:-16)]
11[1:3, ]
levels([1[, 4])## vacation benefits
[1]"average""below_average"generous"
```

levels(11[, 5])##response: overall contractuality

[1]"bad""good"

constructing the classification tree

labortree<- tree(class~., data= 11)

labortree

node), split, n, deviance, yval, (prob)

*denotes terminal node

1)root 47 63.420 good(0.40426 0.59574)

2)WageIncY1<2.65 14 7.205bad(0.92857 0.07143)

4)Hours<38.5 6 5.407bad(0.833 0.16667)*

5) Hours > 38.5 8 0.000 bad (1.0000 o. o0ooo) *

3) WageIncY1 > 2.65 33 31.290 good 1 0.18182 0.81818) .

6) Vacation: below_ average 12 16.640 good (0.50000 0.50000)

12) Hours < 39 6 5.407 good (0.16667 0.83333) *

13) Hours > 39 6 5.407 bad (0.83333 0.16667) *

7) Vacation: average , generous 21   0.000 good (0.00000 1.00000)*

summary (labortree)

classification tree:

tree(formula . Class ~ .. data= 11

Variables actually used in tree construction!

[1] "WageIncY1"" Hours""Vacation"

Number   of terminal nodes: 5

Residual mean deviance:0.3862 = 16.22 /42

Misclassi fication error rate: 0.06383 = 3 /47

plot (labortree, col=8)

text (labortree, digits=2)

WagelncY1<2.65

p1=snip.tree (labortree, nodes=2)

p1

node), split, n, deviance, yval, (yprob)

* denotes terminal node

1)root 47 63.420 good (0. 40426 0.59574)

2) WageIncY1 < 2.65 14 7.205 bad (0.92857 0.07143) *

3) WageIncY1 > 2.65 33 31.290 good (0.18182 0.81818)

6) Vacation: below_ average 12 16.640 good (0.50000 0.50000)

12)　Hours < 39 65. 407 good (0. 16667 0.83333)*

13) Hours > 39 6 5. 407 bad (0.83333 0.16667)*

7) Vacation: average, generous 21 0.000 good (0.00000 1.000)*

summary(p1)

Classification tree:

snip.treeltree . labortree, nodes a 2)

Variables actually used in tree construction:

[1] "WageIncY1""Vacation""Hourg"

Number of terminal nodes : 4

Residual mean deviance:0.419 .18.02 /42

Misclassification error rate:0.06383=3 / 47

Plot(p1)

Text(p1)

案例 6：皮马族印第安人的糖尿病评测。

本例中的数据集来自于加州大学尔湾分校的机器学习数据库，这些数据包含了 768 位不小于 21 岁的皮马族女性，响应变量为是否有糖尿病症状(0 为无症状，1 为有，在变量 Class 中)。本案例的目标是依据以下 8 个连续型风险因素预测糖尿病，风险因素如下所示。

- 怀孕的次数；
- 通过口服葡萄糖耐量检测得到的血糖浓度数据；
- 动脉舒张压，单位：毫米汞柱(mmHg)；
- 肱三头肌皮肤褶皱厚度，单位：毫米(mm)；
- 餐后两小时的血清胰岛素含量；
- 身体综合指标：体重/身高 2(千克/米 2)；
- 糖尿病家系函数；
- 年龄。

可以对患有糖尿病或没有糖尿病的皮马印第安人进行分组的统计分析方法包括：Logistic 回归、分类树、线性或二次判别函数。我们在这里介绍两种方法：Logistic 回归和分类树。

```
## read the data and create plots
PimaIndians<-readcsv(PimaIndians.csv")
```

```
PimaIndians
plot(PimaIndians)
PI=data frame(PimaIndians)
```

方法 1：Logistic 回归

拟合所有 8 个协变量(均为连续型变量)的 Logistic 回归结果如下所示：

```
##    logistec regression model
##    mml：  model fitted to all data
Mm1=glm(Class~., family=binomial, data=PI)
Mml
Summary(mml)
## simplifying the model through backward elimination
RPI=PI[, -4] ## dropping triceps skin fola thickness
mm1=glm (Class~., family=binomial, data=RPI)
mm1
summary(mm1)
RPI=RPI[, 7] ## dropping age
family=binomial, data=RPI)
  mm1=glm(Class~.'fami ly=binomial, dataRPI)
mm1
summary (mm1)
RPI=RPI[, -4] ## dropping serum insulin
RPI[1:3, ]
summary (mm1)
## evaluation of the full model
## split the data set into a training (50%) anɑ a test (evaluation)
## set (50%)
set.seed(1 )
n=length(PI$Class)n
n1=floor(n*(O.5))n1
n2=n-n1n2
train=sample(1:n, n1)
PI1=data.frame(PI[train, ])
PI2=data.frame(PI[-train, ])
```

```
## mm2:odel fittedon  on the training data set
mm2=glm(Class~., family=binomial, data=pil)
mm2
summary(mm2 )
## create predictions for the test (evaluation) data set
gg=predict (mm2 , newdata=PI2, type=  "response" )
gg
hist (gg)
plot (PI$Class[-train]~gg)
##  codirgggas 1 if probability0.5 or larger
gg1=floor(gg+0.5)
ttt='stable(PI$Class[-train], ggl)
ttt
gg1
error=(ttt[1, 2]+ttt[2, 1]/n2)
error
[1] 0.2604167
```

这个模型能简化的几个预测变量并不显著，我们通过逐步向后消元法来简化模型。肱三头肌皮褶厚度是第一个省略掉的变量，接下来通过对简化模型的评估，我们发现年龄也可以被省略。然后，在没有肱三头肌皮褶厚度和年龄的模型中，我们发现血清胰岛素含量的变量也可删去。这就构建了一个五个预测变量的模型：怀孕次数、血糖浓度值、舒张压、身体综合指标、糖尿病家系。不出所料，血糖浓度值被证明是糖尿病诊断的一个重要因素。

　　将数据集分成大小相等的两个部分。用第一部分数据拟合出两种模型(包含 8 个协变量的模型和简化模型)，然后将模型应用到第二部分数据上去，预测这部分数据中每个受测者患糖尿病的概率。比较每个受测者患糖尿病的概率和正常的概率，哪个更高就归到哪个类中去。从结果中发现全变量的 Logistic 回归模型会错划 25% 的受测者类别，而使用简化模型的分类错误率并没有多大差别，两者具体的比例分别是 24.7% 和 26%。

　　方法 2：分类树。

　　首先用所有数据权合模比较大的树，然后通过对结果树的交叉验证对这树结构进行削减。从以下的运行过程可看出，精简后的树带有七个终端节点，通过分类判断输出两个对应的分类结果节点 7 下面的子树由血糖浓度是否小于 17 为判断条件来分类结果，其对应的结果都是 1。再考查输出为 0 的那些结果，注意到节点 2 下面的所有子树也得到了两两相同的分类结果。这表明节点 2 和节点 7 下的子树完全可以剪掉。剪掉带有节点 2 和节点 7 下有相同结果的子树后，就得到了最终的树结构。血糖低于 127.5 的女性或者身体综合指标小于 2.5 的女性属于"没有糖尿病"的类别；血糖大于 127.5 并且身体综合指标大于 2.5 的女性属于糖尿病高危人群。此规则的误差为 175/768 =0.23，用血糖含量高于 129.95 的女性属于糖尿病高危人群的规则的误差稍大一些，但也只有 203/768=0.26。

程序如下：

```
##read the data
PimaIndians <- read.csv("PimaIndians .csv")
PimaIndians
## CART analysis1ibrary(tree)
PimaIndians$class=factor (PimaIndians$Class)
##    constructing the classification tree
PItree <- tree(Class ~., data = PimaIndians , mindev=0.01)
PItzee
Summary(PItree)
Classification tree:
tree(formula : Class ~., data = PimaIndanslVariables )
vactually used in tree construetion:
[1] "Glucose""Age"" BodyMassIndex"" Di abetesPedigree"
[5] "NuPregnancy"
Number of terminal nodes:11
Residual mean deviance:0.8594 = 650.6 /757
Misclassification error rate: 0.2057 =158 1/768
plot(PItree, col=8)
text (PItree , digits=2)
## cross-validation to prune the tree
set.seed=(2 )
CvPI <- cv. tree (PItree, K=10)
cvPI$size
[1]1110987654321
cvPI$dev
[1] 881.4488 834. 1200 830.0404 835. 6352 781.2184 795.9745 823.2477 8287466
[9J 876. 0231886. 6899996. 6544
```

```
plot(cvPI, pch-21, bg=8 type-"p", cex-1.5, ylim=c(700,1000))
PIcut <- prune.tree(PItree, best=7)
PIcut
node), split, n, deviance, yval, (yprob)
* denotes terminal node
1)root 768 993.50 0 ( 0.65104 0.34896 )
2) Glucose < 127.5485477.00 0 ( 0.80619 0.19381 )
4) Age > 28.5271157.500 ( 0. 91513 0.08487)
8) BodyMassIndex < 30.95 151    21.270(0.986750.01325)*
9) BodyMassIndex > 30. 95120111.300 ( 0.82500 0.17500)*
5) Age > 28.5 214 272.00 0 ( 0. 66822 0.33178)
10) BodyMassIndex < 26.35 41    15.980(0.951220.04878)*
11) BodyMassIndex > 26.35173232.70 0 ( o. 60116 0.39884 )*
3) Glucose > 127.5 283 377.30 1 ( 0.38516 o. 61484 )
6) BodyMassIndex < 29.95 76    94.800 ( o. 68421 0.31579)*
7) BodyMassIndex > 29.95 207 243.60 1 1 0.27536 0.72464)
14)Glucose<157.5115153.901(0. 391300. 60870 )*
15)Glucose>157.59271.251(0.130430.86957)*
summary I(PIcut )
classification treea:
snip. tree(tree =PItree, nodes = c(15, 9, 8, 6, 14, 10, 11) )
Variables actually used in tree constructions
[1 ] "Glucose "" Age"    . BodyMassIndex "
Number of   terminal   nodes :7
Residual mean deviance:0.9215 = 701.2 / 761
Misclassification error rate: 0.2279 . 175 /768
plot(PIcut, col=8)text (PIcut )
P1=snip. tree (PIcut , nodes=c(2, 7))
P1
node) , split, n, deviance, yval, (yprob)
* denotes terminal node
1) root 768 993.5 0 ( 0.6510 0.3490 )
2) Glucose < 127.5 485 477.0 0 ( 0.8062 0.1938 )*
```

3) Glucose > 127.5 283 377.3 1 (0.3852 0.6148)

6) BodyMassIndex < 29 .95 76　94.80 (0.6842 0.3158)*

7) BodyMassIndex > 29.95 207 243.6 1 (0.2754 0.7246)*

summary(P1)

Classification tree:

snip. tree(tree = PIcut, nodes = c (2, 7))

Variables actually used in tree cons truction:

[1] "Glucose'　" BodyMass Index "

Number of terminal nodes :3

Residual mean deviance :1.066 = 815.4 1 765

Misclassification error rate: 0.2279 = 175 / 768

plot(P1)

text (P1)

这一 R 程序可在人邮教育社区上找到。

注：

案例 7：运用回归和回归树预测 CPU 的性能。

文件 cpu.csv 中的数据集均取自 UCI 机器学习数据库。数据集包含 209 台配置不同的计算机，其规格由以下六个解释变量来定义：

· 时钟周期(MYCT，在十亿分之一秒内)；

· 最小主内存(MMIN，以千字节为单位)；

· 最大主内存(MMAX，以千字节为单位)；

· 主内存的高速缓存(CACH，以千字节为单位)；

· 最小通道数；

· 最大通道数。

发布并估计的 CPU 相对性能 PRP(published relative performance) 和 ERP(event related po-tentials)是两个响应变量，这里我们考虑用 PRP 做为响应变量。

我们使用数据集完成两项任务：(1)依托 6 个变量的区间尺度属性获得有关 CPU 性能的预测方程；(2)构建回归树。

程序如下所示：

```
## read    the data abd create matrix plot
Cpu<- read.csv(cpu.cvs)
Cpu
Xx=cpu[, c(-1, -9)]
```

Xx=[1:3,]

MYCT	MMIN	MMAX	CACH	CHMIN	CHMAX	PRP	
1	125	256	6000	256	16	128	198
2	29	8000	32000	32	8	32	269
3	29	8000	32000	32	8	32	220

Plot(xx)

regression model

```
regfit=lm (PRP~. , data =XXx)regfit
summary(regfit )
```

Call :

lm(formula s PRP ~., data =xx)

Residuals :

Min	1Q	Median	3Q	Max
-195.82	25.17	5.40	26.52	385.75

Coefficients:

Estimate std. Error t value Pr(> I tl)

(Intercept)	- 5.589e+01	8.045e+00	6.948 5.00e-11 ***
MYCT	4.885e02	1.752e02	2.789 0.0058 **
MMIN	1.529e-02	1.827e-03	8.3719. 42e-15 ***
MMAX	5.571e-036.	418e-04	8.6811.32e-15 ***
CACH	6.414e-01	1.396e- 01	4.5967. 59e-06 ***
CHMIN	-2.704e-01	8.557e-01 0. 316	0.7524
CHMAX	1. 482e+00	2.200e-01	6.7371. 65e-10 ***

Signif. codes: 0 '***' 0.001 '**' 0.01 '*' 0.05'.'0.1"1

Residual standard error : 59.99 on 202 degrees   of   freedom

Multiple R-squared: o. 8649, Adjusted R-squared: 0.8609

F-statistic: 215.5 on 6 and 202 DF, p-value:< 2.2e-16

##cross-validation (leave one out): regression model on all

six regressors

n=length (cpu$PRP)diff=dim (n)

percdiff=dim(n)for (k in 1:n) {

```
train1=c(l:n)
train=train1 [train1!=k]
m1=lm(PRP~., data=xx[train, ] )
pred=predict (m1, newdat=xx[-train, ])
obs=xx[-train, 7]diff (k) =obs-pred
percdiff [k] =abs (diff [k]) /obs
}
Me= mean(diff )
rmse=sqrt (mean(diff**2))
mape=100* (mean(percdiff))
me   # mean error
[1] 0 .3430341
rmse # root mean square error
[1] 69.64521
Mape   #   mean absolute percent error
[1] 79.1892
library(tree)
  ## construct theregression  tree
cputree <- tree(PRP~., data=xx, mindev=0.1, mincut=1)
cputree <- tree(PRP~., data=xx, mincut=1)
cputree
summary( cputree )
plot (cputree, col=8)
text (cputree, digits=2)
## Use cross-validation to prune the regression tree
set.seed(2)
cvcpu <- cv. tree (cputree, K=10)
cvcpu$size
[1]7654321.
cvcpu$dev
[1] 1634992 1764535 17860 2092174 2082172 2619591 5435820
plot(cvcpu, pch=21, bg=8, type="p"cex=1.5
+   ylim=c(0.6000000))
```

```
Cpucut <_ prune.tree(cputree, best=7)
Cpuput
None), spint, n, deviance, yval
* denotes terminal node
1)root 209 5380000 105.60
2)MMAX<48000 205 2218000 88.93
4)mmaX< 22485 1785 11000 57.80
8)CACH<27 141 9785039.64*
9)CACH>27 37 189500127.00
18)CACH< 96.5   31   65600   105.40*
19)CACH>96.5634840 238.50
5)MMAX>22485   27 397100 294, 10
10)MMN<12000 21 150700 244.60
20)CHMIN<7 5 3049 143.60*
21)CHMIN>7 16 80730 276.10*
11)MMIN>12000 61 4190 467.70*
3)mMAX>48000 4 177000 961.20*
summary ( cpucut )
Regression tree:
tree ( formula = PRP ~ ., data = xx, mincut = 1 )
Variables actually used in tree construction:
[1 ] " MMAX""CACH""MMIN"" CHMIN "
Number of terminal nodes:7
Residual    mean deviance:2343=473200/202
Distribution of residuals:
Min.       1st Qu.    Median    Mean      3rd Qu.    Max.
-325.200   -19.640    -4.638    0.000     20.360     188.800
plot(cpucut, col=8)
text(cpucut)
```

图(略)

结论说明：基于所有 6 个回归变量的可发布性能(PRP)的回归对 PRP 的拟合度达到了 86.4%，样本内的均方根误差达到了 60。运用留一法交叉验证得到结果的均方根误差为 69.6，略大于样本内估计。平均绝对比例误差 79%也不是很好的训练效果。回归树的性能更好些,其得到的均方根误差为$\sqrt{2343}=48.4$。回归树使用 6 个变量中 4 个(MMAX、MMIN、CACH 和 CHMIN),并导出了有 7 个终端节点的树结构。例如,对于一台最大内存(MMAX)数小于 22 485 并且高速缓存(CACH)数少于 27 的计算机,模型预测它的 PRP 性能指标是 39.64(树中位于终端节点),在性能列表上排名第三的计算机,其配置属性如下:MMAX=32 000,MMIN=8000,CCH=32,实际的 PRP 为 220,而模型预测值为 276.10。

案例 8:推断葡萄酒的品种基于分类树、判别分析和多项式 Logistic 回归方法。

wine.csv 文件(摘自 UC 机器学习数据库)中的数据是 174 种意大利葡萄酒的化学分析结果,这些酒来自三个已知的葡萄品种(葡萄品种是一组可用来分选葡萄的理想特征,并且这些特征是可以一代一代传下去的)。化学分析结果可明确以下 13 种成分的含量:

- 酒精　· 苹果酸　· 灰分 · 灰分碱度 · 镁 · 总酚类化合物 · 黄酮 · 非黄酮类苯酚
- 花青素 · 颜色强度 · 色度 · 脯氨酸　· OD280/OD315 稀释葡萄酒

本案例的分析目标是对 174 种葡萄酒依据其化学成分进行分类并估计出葡萄的品种。我们可从不同的角度来探讨这一问题:① 使用分类树;② 基于 13 个化学成分属性对 174 种葡萄酒进行聚类,然后查看各类的化学成分是否在已知的三个葡萄品种的化学成分信息中有可匹配的;③ 使用线性判别分析和二次判别分析进行信息分类,并分成三组;④ 针对品种和化学成分属性之间的关系,使用多项式 Logistic 回归进行建模,达到为葡萄酒分类的目的。所有的分析都表明,这是个相当容易的分类问题。

程序如下:

```
# read the data and plots
wine<-read. csv("wine.csv")
wine[1:3, ]
plot(wine)
```

方法 1:分类树。程序如下:

```
##CART
library(tree)
winesclass=factor(wine$class)
# constructing the classification tree
winetree <- tree(Class"., data =wine)
winetree
summary(winetree)
plot(winetree, col=8)
text(winetree, digits=2)
## cross-validation to prune the tree
```

```
set. Seed(1)
cvWine<-   cv.tree (Winetree, K=10)
cvWine$size
[1]7654321
cvWine$dev
[1]144.7246 156.8253 157.2120 130.6236 176.0941 271.4292 3, 89.3242
plot (cvWine, pch=21, bg=8, type="p", cex=1.5, ylim=c(100, 400))
Winecut<- prune.tree(Winetree, best=4)
Winecut
node), split, n, deviance, yval, (yprob)
denotes terminal node
1) root 178 386.600 2 ( 0.33146 0.39888 0.26966 )
2) Flavanoids < 1. 575 62    66.240 3 ( 0. 000000.22581 0. 77419 )
4)Color<, 3.82513    0.0002 ( 0. 00000 1 .00000 0. 00000 ) *
5) Color > 3.825 49    9.7633 (0. 000000.02041 0 .97959) *
3) Flavanoids > 1.575 116 160.800 1 ( 0.50862 0. 49138 0. 00000 )
6) Proline < 724.5 54   9.959 2 ( 0.01852 0.98148 0.00000 )*
7) Proline > 724.5 62 29.660 1 ( 0 .93548 0. 06452 0. 00000 ) *
summary (Winecut )
Classification tree:
snip. tree(tree = Winetree, nodes = c(5, 6, 7))
Variables actually used in tree construction:
[1] "Flavanoids""Color""Proline"
Number of terminal nodes :4
Residual mean deviance :0.2838 = 49.39 / 174
Misclassification error rate: 0.03371 = 6 / 178
plot (Winecut, col=8)
text (Winecut )
```

图(略)

这个模型很简单，只用了三个属性(黄酮、脯氨酸和颜色强度)和 4 个终端节点就成功地解决了品种分类问题。黄酮含量大于 1.575 且脯氨酸大于 724.5 的葡萄酒被分为第 1 类品种(节点 7)；黄酮含量小于 1.575 并且颜色强度大于 3.825 的葡萄酒被分为第 3 类品种；黄酮含量小于 1.575 并且颜色强度小于 3.825 的葡萄酒以及黄酮含量大于 1.575 并且脯氨酸小于 724.5 的葡萄酒被分为第 2 类品种。这一简化规则的误差率为 3.4%，即 178 种葡萄酒最多被分错 6 个。

　　方法 2：聚类。考虑到各化学成分属性的单位不同，所以需要先对属性先做标准化。然后基于 13 个维度的属性因子运用 k 均值聚类算法得到一个极好的品种预测模型。如果给 178 种酒分类的话，最多只会分错 6 个。聚类算法是一个无监督的机器学习方法，我们通过聚类中得到的分组非常接近实际的品种组成。但是由于聚类是一种无监督的分析方式，所以它并不能告诉我们分好的类到底代表着哪个品种。

　　程序如下：

```
## clustering
##standardizing the attributes as units considerably different
wines=matrix(nrow=length(wine[, 11), ncol=length(wine[1, 1))
for( in 2:14){
wines[, j]=(wine[, 3]-mean(wine[, j1))/sd(wine[, j1])
}
wines[, 1]=wine[, 1]
wines=wines[, -1]
winer[1:3, ]
# #kmeans clustering with 13 standtandardized attribute
grpwines <-kameans(wines, centers3, nstart=20)
grpwines
Wines$Class    ## actual classes
## 6 mistakes made among 178 wines
```

　　方法 3：判别分析。运用线性判别分析和二次判别分析对数据集进行分组。线性判别分析没有产生分类误差，而二次判别分析有一项错误分类。交叉验证(先从分类结构中拿出一项，分类规则建成后再用这一项去验证规则的准确性)得出相似的结果(线性判别分析有两个误分类，二次判别分析有一个误分类)。程序如下：

```
## Discriminant analysis (linear/quadratic)
library(MASS)
# linear discriminant analysis using the standardized
##attributes
wines[1:3, 1
ws=data frame(wines)
ws[1:3, ]
```

```
zlin=lda(x1~, ws, prior=c(1, 1, 1)/3)
zlin
 # quadratic discriminant analysis
 aqua=qda(x1~, ws, prior=c(1, 1, 1)/3)
 aqua
 n=dim(ws)[11]
errorlin=1-(sum(ws $x1==predictzlin, Ws)$class)/n)
errorln
[1]0
 errorqua=1-(sum(ws$x1==predictaqua, ws)$class)/n)
 errorqua
[1]0.005617978
 neval=1
 corlin=dim(n)
 corqua=dim(n)
 # leave one out evaluation
 for(k in 1:n){
 train1=c(1:n)
 train=train1[trainll-k]
 ##linear discriminant analysis
 zlin=lda(x1~, ws[train, ], prior=c(1, 1, 1)/3)
 corlin[k]=ws$x1[-train]= =predict(zqua, ws[-train, ])$class
## quadratic discriminant analysis
 aqua=qda(x1~, ws[train, 1, prior=c(1, 1, 1)/3)
 corqua [k]=ws$x1[-train]==predict(zqua, ws[-train, ])$class
 merlin=1-mean(corlin)
 merlin
}
[1]0.01123596
 merrqua=1-mean(corqua)
 merrqua
[1]0.005617978
```

方法 4: 多项式 Logistic 回归。

　　在标准化后的属性上运用多项式 Logistic 回归模型，并用预测类的概率分布将葡萄酒分成三组。具有全部 13 个属性的多项式 Logistic 回归模型会导致过度的参数指定。估计系数过大的标准误差也使对模型的解释变得不可能。但是将一种酒划分到最大预测概率的品种中的规则是一个很好的样本内分类模型。而更可靠的评估方法是使用交叉验证，将数据集分成训练集和验证集。建议大家尝试着练习。

```
##Multinomial logistic regression
## using VGAM
library(VGAM)
ws=data frame(wines)
gg<-vglm(x1~., multinomial, data=ws)
summary(gg)
predict(gg)##1og-odds relative to last group
round(fitted(9g), 2)## probabilities
cbind(round(fitted(gg), 2), ws$x1)
## perfect classification
```

参 考 文 献

[1]　ECKEL B. Java 编程思想[M]. 陈昊鹏，译. 北京：机械工业出版社，2017。

[2]　GOODFELLOW I, BENGIO Y, COURVIILLE A. 深度学习[M]. 赵申剑，等译.北京：人民邮电出版社，2017.

[3]　朝乐门. 数据科学[M]. 北京：清华大学出版社，2016.

[4]　ADLER J. R in a Nutshell：A Desktop Quick Referece. 2nd ed[M]. O'Reilly, 2012.

[5]　WICKHAM H, GROLEMUND G. R for Data Science：Import, Tidy, Transform, O'Reilly, 2011.

[6]　TEETOR P. R Cookbook: Proven Recipes for Data Analysis, Statistics, and Graphics [M]. O'Reilly,2011.

[7]　JAMES G, WITTEN D, HASTIE T, etal. An Introduction to statistical Learning：with Applications in R[M]. Springer，2013.

[8]　KABACONFF RI. R 语言实战[M]. 高涛，等译. 北京：人民邮电出版社，2013.